ソ連核開発全史【目次】

ソ連核開発全史

市川 浩
Ichikawa Hiroshi

ちくま新書

1694

第六章　東側の原子力——〝同盟〟諸国とエネルギー政策　161

*凡例

一、本書では、ところどころ、本文の理解に必要最小限な範囲で物理学、原子力工学分野の事象について解説しているが、それらを飛ばして読むことも可能である。また、全体として見れば本書はひとつの通史であるが、各章は相対的に独自なテーマで括られている。読者は関心に従い、どの章からでも読むことができる。

二、典拠となった文献は巻末にまとめて掲げている。しかし、カギカッコで括られる直接引用、その他とくに典拠を示す必要がある場合はカッコに著者名などと該当ページを挿入し、読者が巻末の参考文献欄から典拠となった文献を探せるように配慮している。また、引用文中で引用者による補足が必要な場合は〔 〕内に示す。

三、図版の出所についても、一括して巻末に典拠を示している。ただし、著者サイドで手を加えたものについてはキャプション中に示している。

四、なお、本書では、ウクライナの地名を多くはロシア名で表記している。過去の文献にある地名との同定を容易にするためでもあるが、国籍自認とは別に、ウクライナではロシア語を常用語としている人が多く、現地で主としてロシア語で呼称されている地名はロシア語で表記した。同時にこれには、わが国で強まりつつある、多民族国家の複雑さに対する、軽薄なまでの単純化に抗う意味もある。

はじめに

†チェルノブィリ原子力発電所、一九八六年四月二六日午前一時二三分

いかなる国の、いかなる炉型の原子炉にとっても、なんらかの事情で外部からの電力供給が途絶え、冷却材循環ポンプが停止し、冷却不全により炉が過熱・暴走する事態はあらかじめ備えておかなければならない非常事態である。チェルノブィリ原子力発電所でも、当然、こうした電源喪失に備え、緊急用のディーゼル発電機を装備し、かつ、その起動（三〇秒から三分間とされる）までの間をつなぐためにタービンの慣性回転を利用した電力供給の仕組みを設置していた。しかし、チェルノブィリ原発四号炉のこのシステムの作動試験は、ウクライナにおける電力需要の逼迫《ひっぱく》から、一九八三年末の原子炉運転開始から二年以上もの間延期されていた。

ようやく、試験が実施されることになった一九八六年四月二五日当日にも、電力供給継

続の要請がキエフから届き、試験開始は深夜にずれ込んだ。原発の副技師長アナトーリー・ジャートロフをリーダーに、若いレオニード・トプトゥノーフ、アレクサンドル・アキーモフの三名がおもに原子炉の運転に当たった。彼らは段階的に出力を絞り、いったん、七二〇メガワットで安定させたが、ジャートロフは、アキーモフの反対を押し切り、さらに低下させるよう命じた。炉の出力は低下を続け、制御不能となった（おそらくクセノン135の大量発生による。クセノン135は核分裂にともない生成する物質でありながら、それ自身中性子を吸収し、核分裂連鎖反応を鈍らせる）。

そのまま炉を安全に停止させる選択肢もあったが、ジャートロフは試験の継続を選択、トプトゥノーフの反対を押し切って、相当数の制御棒を上げさせた。一時、原子炉は出力二〇〇メガワットで安定した。原子炉からタービンへの蒸気の流路が閉じられ、タービンの慣性回転を利用した電源確保という試験目的は達成されつつあるように思われた。制御棒が下げられ、原子炉は停止されようとしていた。しかし、このとき、炉内では冷却水の流速が鈍り、水温が急上昇し、蒸気が増えていた。蒸気量が増えると水への中性子の吸収が減り、核分裂反応が促進される。これに加え、一斉に炉内に降下された制御棒（BBCの再現フィルムによれば、高熱で歪み、うまく炉に挿入できなかったとのことである）が炉心底部の冷却水を押しのけ、さらに炉は冷却不全に陥った（ヒギンボタム 二〇二二、一〇二〜一一九頁）。

図 0-1　チェルノブィリ原発事故で破壊された四号炉建家（1986 年 8 月 5 日、提供：TASS/ アフロ）

午前一時二三分、チェルノブィリ四号炉は暴走、蒸気爆発を起こし、原子炉建屋を破壊した。さらに、瓦礫《がれき》や黒鉛が辺りに撒《ま》き散らされて火災が発生した。爆発とその後の火災により、一四〇〇〇万テラベクレル（ベクレルとは放射性物質内で一秒間に崩壊する原子核の数を表す。放射能の強さを示す単位である）の放射能をもつ放射性物質が大気中に放出され、ウクライナ、ベラルーシ、ロシアの近接地域に深刻な放射能汚染をもたらし、さらにそのうちいくつかの核種は風に乗って北半球全域に拡散した。プリピャチ市など原発に近い地域の住民は移住を余儀なくされ、広大な土地が無人の地となった。公式記録に見られる死者は、事故時に相当量の放射線に被曝したトプトゥノーフ、アキーモフ含め原発職員等三三名であるが、長期・広域にわたるその健康被害は計り知れない。

チェルノブィリ原発事故の初期対応のため、翌日午前三時までに動員された人員は、消防士九三名（うち、直接消火活動に従事したもの六九名）、施設保全従事者一三六名、政府委員会派遣の処理班と専門家四九一名であった。初期対応に動員されたこれらのひとびとのうち原発構内で作業したもの、総計五六一名が大量の放射線に被曝した。危険を顧みず事故の処理と放射線防護に取り組んだ処理班員（三〇〜五〇歳の壮年男子が九〇％）はロシア語で「リクヴィダートル（ликвидатор）」（直訳すると「廃絶者」「清算人」）と呼ばれ、現在のロシア社会で英雄として尊敬されている。二〇〇〇年までにその数はのべ一七万九九九三名に上った。一九八六年における彼らの年間平均被曝線量は一六五ミリシーベルト（現在、一般公衆の被曝線量限度は年間一ミリシーベルトである）であった。全体の一五％には達しなかったものの、二五〇ミリシーベルト以上の深刻な被曝を受けたものも多くいた（*Гуськова* 2004, p. 143）。

†ヴァレリー・レガーソフ「わたしの責務はそのことについて語ること」

政府調査委員会の一員として、事故の当日に現地に派遣されたヴァレリー・レガーソフ原子力研究所第一副所長は、線量計も満足に揃っていないなか、事故の全容解明と放射線防護対策づくりに、文字通り秋霜烈日《しゅうそうれつじつ》の日々を送る。しかし、ニコライ・ルィシコフ首相を長とするソ連邦共産党中央委員会政治局「作業グループ」が組織され、強力な権限をもってチェルノブィリ原発事故対策を差配するようになると、レガーソフらの政府調査委員会はその単なる管理機構の一環となった。

高い使命感をもって激務をこなしていたレガーソフは隠蔽と弥縫策《びぼうさく》に終始しようとする政府の姿勢に深く失望し、ソ連の原子力政策そのものへの疑問を深めてゆく。彼は、混乱を極めるチェルノブィリ原発事故現場での見聞、ソ連第一級の原子力専門家としての自分の来し方、そしてソ連原子力開発の問題点を記した「手記」を執筆する。手記は一九八八年五月二〇日付のソ連邦共産党中央機関紙『プラウダ』に、「わたしの責務はそのことについて語ること」との題名のもと、抄録《しょうろく》のかたちで掲載された。レガーソフ自身は、それに先立つ四月二七日、すなわち、チェルノブィリ原発事故から二年と一日を経過した日、自宅アパートで首を吊って死んでいるのが発見されていた。

「手記」のなかでレガーソフは原子力開発当事者たちの、現実に対する無感覚を指摘する。彼の周囲の専門家の間で、現実に操業中のあれこれの原子炉の質、燃料の質など技術的な問題が議論されることはめったになかった。原子力発電を円滑にコントロールするための管理システム、問題診断システムの構築も軽視されていた。彼によれば、チェルノブィリ原発で用いられていた炉型、いわゆる黒鉛チャンネル炉は燃料、黒鉛、ジルコニウム、水を大量に消費するなど経済性が低く、緊急時に制御棒を操作できるのは作業員だけという防護システムが不完全な炉であった。そして、「頻繁に発生する最重要なパイプからの漏洩、黒鉛チャンネル炉の作業チャンネルの覆いから出るゲート弁の作動不調――こうしたことが毎年起こっていた」のであった（Легасов 1988, p. 3）。

†ロシアのウクライナ侵攻と原子力発電所

史上最大級の〝核の災害〟であったチェルノブィリ原発事故は、四十数年にわたるソ連の核開発の〝ひとつの〟帰結であった。しかし、残念ながら、ソ連の核開発が抱えていた問題がすべてチェルノブィリで終焉を迎えたわけではなかった。二〇二二年二月二四日にはじまったロシアによるウクライナへの軍事侵攻にあたり、プーチン大統領は、ロシアがその多くをソ連から引き継いだ核兵器の使用をちらつかせた。人類はヒロシマ、ナガサキに続く第三の〝被爆地・ヒバクシャ〟の登場を真剣に危惧するようになった。

また、三月四日午後(現地時間)、ウクライナに侵攻したロシア軍により、欧州最大規模のザポロージェ原子力発電所が制圧された。多くの放射性廃棄物が貯蔵されている旧チェルノブィリ原発構内もロシア軍に一時占拠された。占領者による原子炉や使用済み核燃料冷却=貯蔵施設などの破壊や粗雑な扱いによる大量の放射性物質の飛散、兵士・住民の大量被ばくが真剣に危惧されるにいたった。こうして、人類はチェルノブィリ原発事故、福島第一原発事故に続く第三の巨大原発災害を危惧するようになった。

†人類史の中の核開発

核兵器の存在は長期にわたり人類を脅かし、そして、今も脅かし続けている人類史上最大の脅威、少なくともそのひとつである。冷戦期米ソ間の核軍拡競争のなかで、核爆弾・核弾頭の研究=開発=製造にはおびただしい量の研究開発資金、研究開発資源が投じられた。こうして一時は一〇万発を超えるにいたった核弾頭を敵に向かって効果的に投下するためのミサイルや原子力潜水艦などの兵器群、コンピュータを要とする戦闘指揮＝管制＝通信＝諜報の手段の構築も強力に進められた。

国家が必要とする、おうおうにして軍事色が強い科学研究には未曽有の規模の資金が投ぜられ、戦後世界の科学研究は一面では大きく〝発展〟し、他面では大きく偏向されていった。破滅的な核軍拡競争の狂気は一九六〇年代後半にはいくぶんか緩和され、二〇世紀の終わりにはソ連の解体により東西冷戦が終結したようにも思えたが、人類が核兵器の脅威から解放されることはついになかった。

一九五〇年代、世界中で高まった核軍拡を憂慮する声に〝応え〟、かつ、世界の市民に自国の科学力をアピールすべく、米ソ両国は〝平和的な〟開発競争も展開した。物理学者・社会思想家の武谷三男は「世界の原子力の空気が一変した」（武谷 一九七六、一六頁）と評した。こうして期待を背負って登場した原子力発電は、やがて、東西冷戦の一定の〝緊張緩和〟（デタント）を経て、米ソ両国において経済成長の不可欠な要素となってゆく。原子力発電については、登場直後から少なくない識者がその安全性に対して危惧を表明していたが、不幸にして警告は現実となり、人類はスリーマイル島原発事故、チェルノブイリ原発事故、そして福島第一原発事故を迎えることとなった。

軍民双方の核開発で〝主役〟を演じたのは、疑いなく、米ソ両国政府であった。アメリカの核開発については、多くの研究がなされ、その概要には広範な読者が日本語で接することができるようになっているが、もう一方の〝主役〟ソ連のそれについては、残念ながら、通史さえ欠けているのが現状である。そこで、本書の課題は、この機に、ソ連という歴史的存在の国際的・政治的・経済的諸条件との関連においてその軍民両方における核開発過程を改めて辿ることにある。

本書ではソ連最初期の核兵器開発計画（第一章）、アメリカとの核軍拡競争に勝利するための核兵器製造施設群の壮大な展開、ウラン資源開発、核弾頭運搬手段としてのミサイルや原子力潜水艦の開発、核戦略の展開（第二章）、放射能の脅威へのソヴィエト科学者の対応（第三章）、ソ連が先鞭《せんべん》をつけた原子力平和利用の内実（第四章）、深刻な経済停滞に根ざした一九六〇年代後半からの原子力平和利用の展開（第五章）、ソ連がその〝同盟〟諸国との間に展開した原子力分野における〝国際協力〟の実態（第六章）、ソ連核開発四十数年の帰結とその後（第七章）と、ほぼ通史的に軍民双方におけるソ連の核開発の道程を辿ることになる。

第一章

核兵器開発の発端

——冷戦の勃発

РДС-6の爆発実験（1953年8月12日）

1 第二次世界大戦と原子爆弾

†放射性物質の研究史から

アメリカによる核の独占をこの上ない体制危機ととらえたソ連政権は、危険を顧みず、拙速と疎漏を繰り返して、最初期の核兵器開発計画РДС《エルデーエス》シリーズの開発を強力に推進した。РДС－1は一九四九年八月二九日に爆破実験に付された。全人類を四十数年にわたり恐怖の淵に追い込んだ核軍拡の起源である。

話はその一一年前に遡る。一九三八年暮れ、ドイツのカイザー・ヴィルヘルム協会化学研究所でドイツ人化学者オットー・ハーンとフリッツ・シュトラスマンはウランへの中性子照射後の生成物中に放射性バリウムを発見した。九二番元素ウランが五六番元素バリウムと三六番元素クリプトン（このときは発見されなかったが）に分裂したのであった。人類史上初のウラン原子核の人工原子核分裂の確認である。

さらにその四三年前、一八九五年、コンラート・レントゲンは放電管を黒紙につつんで放電させると、近くの蛍光スクリーンが発光すること、その見えない光線が自分の手の筋肉をも透過することを確認、未知数をしばしばXとすることから、この放射線をX線と名付けた。X線は外科治療に革新をもたらし、第一次世界大戦中傷病兵の治療に大きく役立つことになったと同時に、それは一九世紀物理学のほころびとなり、そこから「原子不変の法則」も「エネルギー保存の法則」も止揚《しよう》されてゆくことになる。

フランスのアンリ・ベクレールやピエールとマリーのキュリー夫妻らは自然界にも存在する放射性元素の研究へと進んでいった。放射線の研究は急速に進み、一九〇〇年までにはα線、β線そしてγ線が発見された（安孫子 一九八一、一四〇〜一四七頁）。

こうして一九三二年には、一九世紀物理学で物質の最小単位とされていた原子は、さらにそのなかに、正の電荷をもつ比較的大きな粒子＝陽子、および、やはり大きな粒子で、電荷を持たない粒子＝中性子（水素原子にはない）からなる原子核とそのまわりに負の電荷をもつ小さな粒子＝電子が存在する構造を持っていることが明らかになった（大沼 一九七八、二三八〜二六四頁、安孫子 一九八一、一三三〜一三五頁）。

アーネスト・ラザフォードが人類史上初めて人工原子核変換実験（窒素ガスを詰めた箱にα線源を置くと、酸素と陽子が生じた）に成功した一九一九年以降、しばらくこの分野の研究はさほどの進展を見せなかったが、一九三二年、ジョン・コッククロフトとアーネスト・ウォルトンが粒子加速器を使ってリチウムをα線（ヘリウム原子核）に変換する実験に成功すると、研究は飛躍的に進んだ。この同じ年には、正の電荷をもつ原子核に照射するのに都合のよい中性子が発見されている。アーネスト・ローレンスにより一九三一年に発明されていた粒子加速器の一種、サイクロトロンは年々巨大化＝強力化していった。サイクロトロンとは、平たい円筒形の真空容器の中心に置いた線源から重水素原子核（ハロルド・ユーリーが一九三二年に発見）を放ち、その粒子を高周波電場で誘導して、渦巻き状の軌道を描かせながら、真空容器の上下から磁界を与えて加速する（加速後、重水素原子核中の陽子を引き離し中性子のみを照射する）仕組みの粒子加速器である。

核反応研究はさらに進み、もっとも核分裂反応を起こしやすいと予想されていた放射性元素であり、天然の元素の中でその原子核がもっとも重いウランの原子核への中性子照射実験があいついだ（安孫子 一九八一、一七六～一八〇頁）。

†各国における計画の始動

サイクロトロンなどの粒子加速器を使ってはいなかったものの、ハーンらによるウラン原子核の人工原子核分裂の発見はこうした一連の実験の到達点であった。その実験結果と解釈は一九三九年二月一〇日に刊行された『ナトゥーアヴィセンシャフテン（*Naturwissen-schaften*：自然科学）』誌に発表されるが（ホフマン 二〇〇六、一四九～一五八頁）、ハーンとシュトラスマンは、スウェーデンに亡命していたかつての研究仲間リーゼ・マイトナーに、そのニュースを実験直後に伝えていた。ユダヤ系ながらオーストリア国籍を持っていたがゆえにあからさまな迫害を受けてはいなかった彼女は、一九三八年三月のドイツによるオーストリア併合を機にいそぎ亡命する。彼女を通じて、アメリカその他、ナチス・ドイツに対峙していた国々にもウラン原子核の人工原子核分裂実験成功のニュースがいち早く伝えられることとなった（梶 二〇一四、三〇頁）。

人類はこうして第二次世界大戦直前、原子が放つ莫大なエネルギー獲得の入り口に立ったのである。大戦中、二〇億ドル（二〇一一年現在の換算で二兆三〇〇〇億円）の巨費を投じ、唯一第二次世界大戦終結までにその〝目的〟を達成したアメリカの「マンハッタン計画」をはじめ、イギリス、ドイツ、フランス（あまりに小規模）、日本（陸軍と海軍がそれぞれ別個に計画を持った）、そしてソ連の計六カ国で原爆開発計画が取り組まれた。

2 ソ連〝ウラン問題プロジェクト〟の始動

†科学者たちの構想

ソ連の科学者もハーンらの実験結果が知られるようになると、独自に原子爆弾の構想に近づいていった。地球化学の創始者のひとり、高名な科学者ヴラジーミル・ヴェルナツキーはその科学アカデミー幹部会宛一九三九年六月一七日付の書簡でウランの原子核分裂とそのエネルギーの利用について初めて言及した。

科学アカデミーとは、科学振興を目的に、おもに絶対王政期欧州各国で結成された学術団体である。王権はしばしば科学の成果の囲い込みを目的にこれを庇護《ひご》した。多くの場合、西欧近代社会において科学アカデミーは絶対王政の衰退とともに学術研究の中心としての実体を失い、急速に名誉職機関と化していった。しかし、第一次世界大戦期、科学アカデミーの傘下《さんか》に複数の研究所等を設けることによって、その復権・強化をめざしたヴェルナツキーらの戦略的行動が功を奏し、ロシアの科学アカデミーは傘下に多くの研究機関を集め、その実践的性格を回復・強化した。こうして強化された科学アカデミーはボリシェヴィキ政権に引き継がれていった。

紆余曲折《うよきよくせつ》を経て、科学アカデミーは、スターリン体制下でも一定の自治権と科学研究全般への強大な影響力を保持しつつ、権力との間に対抗と協調の複雑な関係を築いていった。科学アカデミーこそ、ソヴィエト科学発展のもっとも重要な制度的枠組みであり、その個性である。そして、この科学アカデミーのある種の〝ぐるみ動員〟に成功したことが、ソ連の政治権力が冷戦型軍事技術の獲得に成功したことに繋がってゆく（第二章）。

ヴェルナツキー以外でも、たとえば、のちノーベル化学賞を授与される科学アカデミー・化学物理学研究所所長ニコライ・セミョーノフも、この時期、〝ウラン爆薬〟に言及した書簡を複数の関係者に送っている。彼の指導下にいたユーリー・ハリトンとヤーコヴ・ゼリドヴィチはウランの核分裂連鎖反応理論の研究に取り組んだ。一九四〇年、コンスタンチン・ペトルジャックとともにウランの自発核分裂を確認したゲオルギー・フリョーロフ（一一四番元素「フレロビウム」にその名を残している）は、志願兵として兵役に就きつつ、みずからの原子

図 1-1　ヴラジーミル・ヴェルナツキー

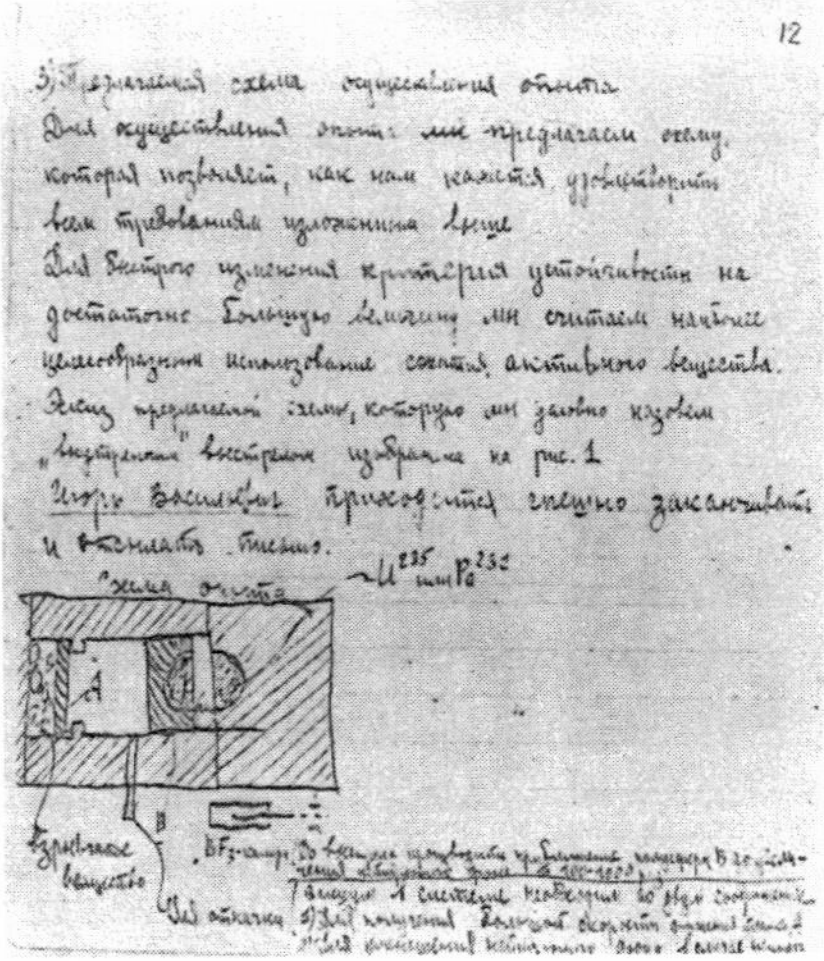
12
3) Предлагаемая схема осуществления опыта
Для осуществления опыта мы предлагаем схему, которая позволяет, как нам кажется, удовлетворить всем требованиям изложенным выше
Для быстрого изменения критерия устойчивости на достаточно большую величину мы считаем наиболее целесообразным использование сжатия активного вещества.
Эту предлагаемую схему, которую мы условно назовем „внутренним" выстрелом изображена на рис. 1
Игорь Васильевич приходится спешно заканчивать и отсылать письмо.

図1-2　フリョーロフのスターリン宛書簡の12ページ。砲撃方式（図1-9）による原爆点火の仕組みが図示されている。

爆弾構想をしたためた書簡を諸方に送り、反応が鈍いと知るや、一九四二年春には独裁者ヨシフ・スターリン宛に〝直訴〟書簡を届けた。彼は第二次世界大戦史上有名な「レニングラード封鎖」のなかで、その母を餓死という無惨《むざん》なかたちで失っていた。

†対外諜報活動から

独ソ戦直前、科学技術諜《ちょう》報《ほう》部門の責任者に、モスクワ化学機械専門学校（大学に相当）を卒業したレオニード・クヴァスニコフが就任した。彼は、ハーン、シュトラスマンの実験に注目し、原子力の軍事利用への各国の取り組みに関する情報収集活動を強化した。彼は、一九三九年頃からアメリカの物理学者たちが急に科学雑誌に原子力エネルギーの問題に関する論文を発表しなくなったことに気がついた。そして、ソ連国内における研究成果を知ると、「軍事目的での原子力応用の研究は確実である」との確信にいたった。クヴァスニコフの指示に基づいて、ロンドンから、ついでニューヨークから米英の原爆開発計画に関する情報が寄せられた。やがて、彼らはドイツ人物理学者クラウス・フックスを含む原爆スパイ網を構築してゆくことになる。

しかし、ここでひとつ、あえて釘《くぎ》を刺しておきたい。ソ連の初期核開発の成功を対米諜報活動の成果ととらえる傾向、あるいは陰謀説（Conspiracy Theory）には根強いものがあるが、原爆開発のような巨大プロジェクトにつきもののコンパートメンタリゼーション（研究の細分・分業化）、それによる全貌の不可視化、さらに政府・軍部による厳格な秘密保持策のために、個々の研究者が入手できる情報は断片的で、ソ連が獲得した「マンハッタン計画」に関する情報もその多くが役に立つものではなかった。ここで述べるようにソ連の科学者は独自に原子爆弾の構想に近づきつつあったのであり、またその後の研究開発においても膨大な実験や複雑な核計算を自分たちで実施しなければならなかった。

他方、一九四二年、タガン＝ログで戦死したドイツ軍将校のカバンのなかから発見されたノートには、原子力エネルギーの利用法に関する構想が様々な数式とともに書き込まれていた。このノートはその価値を見いだしたイリヤ・スターリノフ大佐の名をとって「スターリノフ・ノート」と呼ばれることになる。スターリノフはそれを翻訳させ、四月に科学行政の頂点にいたセルゲイ・カフターノフに届けた。このノートに彼は衝撃をうけたらしい。彼は、のち、「戦時においては科学・技術上の理念の実現は驚くほど短縮される。戦争も一五〜二〇年続くかもしれない」と考えるにいたったと回想している。

†科学アカデミー〝第二研究所〟

国内の科学者たちの構想、諜報機関による英米の計画の察知、そして戦局の好転による研究開発における余裕の出現が重なり、ソ連の原爆開発計画はスタートした。一九四二年春、電気技術者出身の若い副首相ミハイル・ペルヴーヒンは、政府の実力者ヴャチェスラフ・モロトフに呼び出され、彼から外国の科学者の手になる大部の報告を読むように依頼された。読後、彼は専門家への照会を進言、モロトフは、当時ソ連を代表する物理学者であったアブラム・ヨッフェに意見を求めた。ヨッフェはのちソ連最初期の核開発計画の総責任者となるイーゴリ・クルチャートフら三名の若い科学者を適任者として推薦した。

ほぼ半年後の一一月二七日になって、ペルヴーヒンはモロトフらから、計画に動員すべき研究者、研究機関、企業の選定をおこなうよう指示された。研究開発の陣容が固まるのは、翌一九四三年の二月一五日、臨時の最高戦争指導機関「国家防衛委員会」の名で科学アカデミー〝第二研究所《ラボラトーリヤ》〟の開設が決定された時点である。この段階では戦局は著しく好転しており、結果が未知数の計画にも取り組む余力が生まれていた。カルーガ通りの一般化学＝無機化学研究所と地震学研究所の建物の一部を借りて発足した同研究所にはクルチャートフを指導者として全国から優秀な若い研究者が集まった。

しかし、サイクロトロンの建設はなかなか進まず、また、金属ウランや高純度の黒鉛も入手できないなか、〝第二研究所〟は約二年間を理論研究、準備段階の実験的研究に費やさざるをえなかった。また、一九四四年四月二五日現在、同研究所には二五名の科学者、六名の研究技術者、一二名の工作技術者、三一名の事務員の計七四名が在籍していたが、おそらく終戦までこの人数を大きく超えることはなかった。ロス＝アラモス研究所だけで科学者、技術者、職員三〇〇〇人を擁した「マンハッタン計画」の足下にも及ばない規模である。

図1-3　イーゴリ・クルチャートフ

モスクワでサイクロトロンが組み上がるのが一九四四年九月二五日、ソ連で初めての精錬済み金属ウランができ、高純度黒鉛が入手できるようになるのが一九四四年一二月の頃である。その頃になると、戦局はさらに好転していたが、政府内部では計画を実際の開発研究の段階に移行させる準備が進行していた。「マンハッタン計画」の進展ぶりについて多くの情報が寄せられ、スターリン自身が計画の緩慢《かんまん》な進行に焦燥感を露《あら》わにするようになっていたのである。事態を大きく変えたのは一九四五年八月六日と九日のアメリカによる広島、長崎への原爆投下であった。

3 ヒロシマ、ナガサキの衝撃——計画の格上げ

†計画の仕切り直し

ヒロシマ・ナガサキのあと、ソ連の政権は予想された戦後の米ソ対立に備え、計画を一躍国家計画に格上げして、膨大な資金、資源、人材をつぎ込み、未曽有の規模で研究開発を遂行する。一九四五年八月二二日、国家防衛委員会は秘密警察の長であった副首相ラブレンチー・ベリヤを議長とする「特別委員会」を附設することを決定した。同委員会にはベリヤのほか、政府から副首相(党政治局員)ゲオルギー・マレンコーフ、国家計画委員会議長ニコライ・ヴォズネセンスキーら、科学者の側からクルチャートフとのちにノーベル

物理学賞を授与されるピョートル・カピッツァ（カピッツァはすぐにベリヤと対立、委員を辞任している）が加わった。

同時に実行官庁としてソ連邦人民委員会議（内閣にあたる）直属「第一総管理部」が、軍人で軍需工業指導者であったボリス・ヴァンニコフを長官に設置された。研究活動の調整にあたる機構は、しばしの紆余曲折ののちに「科学技術協議会」に統合された。同協議会は二〇〇名を超える科学者を集め、活発に活動を展開、一九四六年には五三回（議案二〇〇件）、四七年には四七回（議案九〇件）会合をもち、同年末には研究開発方針策定のための〝司令塔〟としてのその役割を事実上果たしきり、それ以降は休止状態となった（国家防衛委員会解散後、科学技術協議会は第一総管理部に直属するようになった。また、すでに人民委員会議も閣僚会議に改称していた）。

科学技術協議会ではペルヴーヒンが議長に就いた。一九四六年六月以降、科学技術協議会には五つのセクションが設けられていた。第一のセクション（核反応関係）はそのうち最も重要なセクションで、ペルヴーヒンその人を座長に、ときおり激しい議論の応酬を見せながら、精力的に問題に取り組んだ。ほかには、「ウラン濃縮の拡散的方法」「ウラン濃縮の電磁的方法」「冶金・化学」、および「医学・衛生管理」の各セクションが置かれた。そして、ウラン濃縮法の研究や重水の製造など、様々な課題を展開しつつも、最も早く開発できる見込みのプルトニウム爆弾を軸に研究開発活動が壮大な規模で展開されてゆくのである。

†最初の実験炉Φ－1炉

アヴラーミー・ザヴェニャーギン内務中将を長とするドイツ、オーストリアへの派遣部隊の手によって〝第二研究所〟には戦後まもなく、ドイツからの〝戦利品〟としてミリアンペア・メーター、補助真空ポンプなどを丈夫な布で梱包した箱が届いた。ドイツ降伏の直前、一九四五年五月四日、すでにソ連軍が占領していたダーレムにあったカイザー・ヴィルヘルム協会物理学研究所をはじめ、数多くの研究施設、軍需工場に対するソ連邦側の調査がはじめられた。露骨で違法な〝戦利品〟の品定めと移送が大規模におこなわれた。また、マンフレート・フォン・アルデンネをはじめとするドイツ人専門家のソ連への〝招聘〟工作も大規模に実施された。

しかし、もっとも重要な〝戦利品〟は一〇〇トンもの粗精錬《そせいれん》ウランであろう。この派遣部隊に同行していた物理学者イサーク・キコインはノイシュタット＝アム＝グレーヴェにあった皮革製品工場で大量の粗製錬ウランを発見した。ソ連初の原子炉Φ《エフ》－1は、ドイツで捕獲されたウランを使って組み上げられた。

図 1-4　組み上げ途上のΦ－1（黒鉛材を楕球形に組み上げ、燃料を挿入する穴を規則的に配置している（上）。Φ－1の構造材となった黒鉛の支柱（左下）。Φ－1はテント内で組み上げられた（右下））

天然ウラン中大部分を占めるウラン238に中性子を照射すると、一定の割合（約一％）でそれを吸収して「β崩壊」と呼ばれる現象（原子核中の中性子がβ線を発して陽子に変わる）を二回繰り返して人工の超ウラン元素、九四番元素プルトニウムに転換するものが生じる。

このプルトニウムは核分裂特性が高く、原子爆弾の〝爆薬〟に適している。原子炉は、この場合、ウラン235の核分裂連鎖反応によって生じる大量の中性子をウラン238に照射する装置となる。原子炉は、通常、燃料のほか、核分裂によって生じる中性子を減速させて、核分裂反応を起こしやすくするための減速材、炉内に生じた熱を吸収するための冷却材、中性子を吸収して連鎖反応を抑える制御棒から成り立っている。

Φ《エフ》－1炉は、黒鉛ブロックを積み上げて、全体として楕球形《だきゆうけい》の格子組構造をもたせ、そこに燃料となる天然ウランを規則的に装塡《そうてん》した構造をもつ黒鉛減速炉（黒鉛を減速材に利用する炉）で、「マンハッタン計画」の一環として開発された世界最初の原子炉「シカゴ・パイル－1」（一九四二年一二月二日臨界）と同型の炉であった。それに遅れることわずか四年、一九四六年一二月二五日に臨界（核分裂性物質はその濃度に応じたある一定以上の質量があれば、中性子を吸収することにより自発的に核分裂連鎖反応を起こしてしまう。このような質量を臨界量と呼ぶ）に達した。

Φとは「物理学の」を表す語、Физический《フイジーチエスキー》の頭文字である。「マンハッタン計画」で開発された「シカゴ・パイル－1」が水平直径三八八センチメートル、縦三〇九センチメートルの楕球形で、出力も小さく、プルトニウム・サンプルもほとんど取り出せなかったのに対して、Φ－1炉は、全重量四三〇トンの黒鉛の格子に直径三〇〜四〇ミリメートルの金属ウラン・ブロックを二〇〇ミリメートル毎に配置し、炉心三メートル、全体の直径約八メートル、縦七メートルとやや大きく、常時出力二四キロワット、最大時四メガワットで、この実験炉の運転が一応の安定を見せると、研究試料となるプルトニウムをミリグラム単位で入手することができるようになった。このため、当初予定されていた第二の試験炉Φ－2炉の建設は省略され、Φ－1炉を使った核分裂過程、とくにプルトニウムの分裂特性を探る研究が進められた。

4　原爆開発の諸過程

†A炉の挫折

Φ－1の次はただちに実用炉、つまりプルトニウム生産炉を建設することになった。一九四五年一二月には南ウラル地方クィズィル＝ターシ湖近くのクィシュトィム近郊に内務人民委員部工業建設総管理部による施設建設が決定していたが、A《アー》炉と命名される実用炉はその施設（第八一七コンビナート）内に建設されることになった。

〝第二研究所〟ではスケール・アップに備えた検討がすすめられた。炉型は早期に黒鉛減速＝軽水冷却炉に絞られた。約一年間の検討のすえに、科学技術協議会は最終案策定委員会を任命した。この委員会、および科学技術協議会第一セクションを舞台に、燃料ブロックを黒鉛の土台に垂直に挿入する縦型か、水平に挿入する水平型か、どちらがA炉にふさわしいかを焦点に激論がかわされたが、最終的にはニコライ・ドレジャーリの縦型案の支持者が多く、彼が設計にあたることになった。垂直型の炉型はドレジャーリのオリジナルな発案になるものであったが、その後のソ連型黒鉛炉の大半の炉型の原型となるものであった。

それは、黒鉛の大きな方柱を直径、高さとも九・二メートルの巨大な筒状に組み上げ、縦に多数の小孔を穿《うが》ち、その小孔に上から、内径四一ミリ、長さ約七・六メートル、厚さ一ミリのアルミ管（中に中心を保つためのリブを装備している）を一一二四本挿入し、それぞれの管に直径三七ミリ、長さ一〇二ミリのアルミニウム被覆《ひふく》ウラン・ブロックをアルミ管一本あたり、七四本（ウランの重量にして一三三キログラム）を装塡したもので、冷却水はアルミ管内を循環するようになっていた。出力は中小発電所並の一〇〇メガワットになることが必要とされた。この無謀とも思われるスケール・アップの目標は、一昼夜に一〇〇グラムのプルトニウムを生成させるのに必要な中性子数、密度から逆算した結果得られたものであり、技術的な実現可能性を合理的に追究して出てきた目標ではなかった。

　A炉は、当初、十月革命三〇周年にあたる一九四七年一一月七日を完成予定日としていたが、複雑をきわめた作業のため、工期は大幅に延び、ようやく一九四八年六月一日に建設が完了した。七日には運転を開始し、一九日に基準出力に達したものの、二〇日一二時五〇分、大量の放射線を大気中に飛散させながら、炉は停止した。黒鉛の土台に縦に穿たれた作業チャンネルのひとつ、第一七‐二〇孔に冷却不全によるスラグ（鉱滓。溶融によって分離した鉱物成分）が凝固したためであった。この停止以前にも、炉の稼働状況はかなり不安定であった。連鎖反応が止まることはなかったものの、突然、通常出力の〇・五〜一％に落ち込むことがままあった。

図1-5　A炉炉心ホール

　この原因は複数あった。もっとも深刻であったのが、ウランと黒鉛の〝腫れ〟、つまり熱膨張（ウランについては中性子照射の影響も）による水冷却管の圧迫による冷却不全、それによるスラグの発生であった。問題の本質的な解決をみないまま、クルチャートフは「例外的に危険だが、唯一可能な決定」として、第一七-二〇孔の冷却を断念したうえで、運転を強行する決定を下し、炉は七月一二日から運転を再開した。運転中、第二八-一八孔にもスラグが凝固した。これらスラグの除去を試みているうちに、作業員は次々と被曝していった。

一九四八年末、ついにクルチャートフらはA《アー》炉の根本的な修理を決断し、一九四九年一月二〇日に炉は停止され、計三万九〇〇〇本のウラン・ブロックが取り外された。修理ののち、一九四九年三月二六日に再稼働されたものの、その後もA炉の稼働状況は不安定なままであった。最終的には黒鉛の膨張を防ぐことを基準として、黒鉛の温度が三三〇度を超えないように出力を制限することで、炉の安定を図ることとなった。

A炉の操業に携わる作業員の被曝線量は著しく大きくなり、一九四九年には年間で平均九三六ミリシーベルトに達した。一キログラムの物質に一ジュールのエネルギーが吸収されたときの放射線量に、放射線種、ないし対象組織ごとに定められた係数を乗じて算出された値を、放射線の生物学的影響を計る値として「シーベルト」という単位で表すが、現在のわが国で、一般公衆については年間一ミリシーベルト、放射線作業をおこなう職業人については五年間で一〇〇ミリシーベルト（特定の一年で五〇ミリシーベルト）が線量限度とされている（環境省HP）。A炉作業員の被曝線量は驚異である。

†第八一七コンビナート（チェリャビンスク－40）

〝第八一七コンビナート〟の建設は希にみる大規模突貫工事であった。一九四六年九月現在、その建設に従事していたものは二万一六〇〇人、うち軍建設部隊の兵士八七〇〇人、〝特殊移住者〟（詳細不明ながら、いわゆるロマ人ではないかと考えられる）六八八二人、囚人五三四八人、自由契約による労働者六七〇人であった。一九四七年の一〇カ月で、第八一七コンビナート建設には二億三一〇〇万ルーブリ（日ソ国交回復から一九七〇年代初頭まで一ルーブリは四〇〇円に換算されていた）の資金、土の容量にして八九万立方メートルの土木作業、一三万三〇〇〇立方メートルのコンクリートと鉄骨コンクリート、金属建材一万一五〇〇トンが投入された。完成年次の一九四九年になると、建設予算額は三億四〇〇〇万ルーブリとなった。

コンビナートにはA炉を中心設備とするA工場のほか、プルトニウム分離工場のБ《ベー》工場、金属プルトニウムを精錬・加工するB《ヴェー》工場が立地していた。Б工場では、「マンハッタン計画」同様、沈殿法が利用された。これは、濃硝酸《のうしょうさん》によって液状化された使用済み核燃料にさまざまな担体を順次投入し、それらとの共沈現象によってプルトニウムを分離・回収する方法である。

この方法で初めてプルトニウムが分離されたのは一九四九年二月のことであった。その後、本格操業に向けた最終段階の実験を解析した結果、二酸化プルトニウムとして回収できたプルトニウムの量は計算値のわずか四〇%にすぎず、残りは装置のなかにまだ留まっていたことが明らかになった。溶液槽のなかの残留プルトニウムがいつ臨界に達するかもしれない危険な状態であった。しかも、この測定結果が得られたのは、ソ連初の原子爆弾PДС《エルデーエス》-1のためのプルトニウムがすでに総量出荷されたあとの一九四九年八月一八日であった。

†第一一設計ビューロー（アルザマス-16）

一九四四年夏、ロス＝アラモス研究所で発見されたプルトニウム（通常の質量数、すなわち原子核中の陽子と中性子の総数は二三九）の同位体プルトニウム240は自発核分裂を起こしやすい。このため、プルトニウムの臨界量（核分裂性物質が自発的に核分裂連鎖反応を起こす最小の量）はプルトニウム240の含有量・含有率に攪乱《かくらん》される。他方、核分裂性物質の密度と臨界量は一種の反比例関係にあるので、プルトニウム爆弾は内向爆発を利用してプル

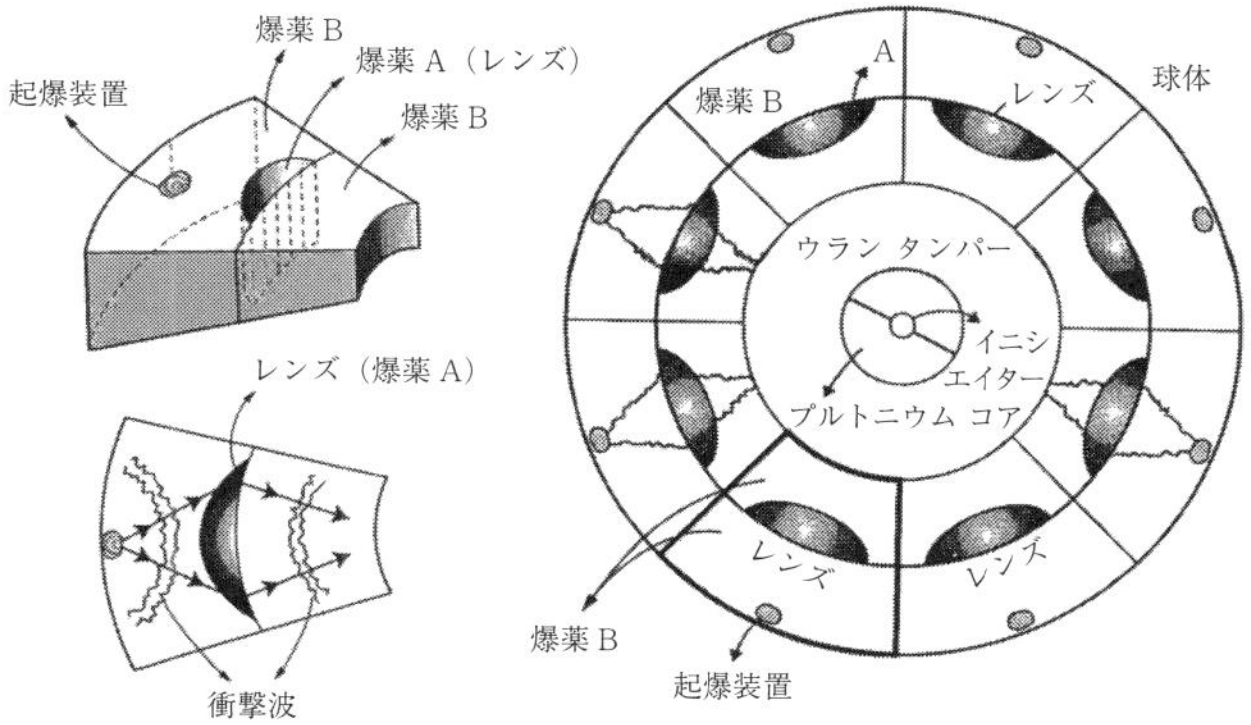

図 1-6　爆縮方式の原理（山田克哉『原子爆弾』講談社、1996 年、428、430 頁）

トニウム塊《かい》を中性子線源やウラン・タンパーとともに一瞬に高密度塊にする方式＝爆縮法で起爆させる。爆縮法は適切な爆薬の量、速度の速い火薬と遅い火薬を適宜組み合わせて、爆発による圧縮力をプルトニウム塊の中心に向かって同じ速度、強さで収斂《しゅうれん》させる仕組み（〝爆縮レンズ〟と呼ばれる）の詳細な設計を割り出すために膨大な計算と爆発実験を重ねなければならなかった（山崎・日野川 一九九七、一三三〜一四四頁）。

ソ連の原爆開発陣は対外諜報活動を通じて、「マンハッタン計画」でこの方法が採用されたことは知っていたが、膨大な核計算、爆弾の設計とそのための無数の実験は自分たちでおこなわなければならなかった。

一九四六年四月四日、閣僚会議非公開布告によって原爆開発の最終段階をおこなう研究基地

「第一一設計ビューロー」の設置が決められた。建設地点にはモルダヴィア自治共和国（現・モルドヴァ）とゴーリキー州の境界に立地するサロフにある農業機械製作人民委員部に所属する第五五〇工場が選定された。研究施設、住居などの建設は内務省の工業建設総管理部に委託され、ひとりあたりわずか二八〇ルーブリの移転費を支給して五〇二名の住民を移住させ、早くも五月から大規模な建設作業が進められた。第一陣の作業員九七三七人（うち、女性が一八一八人）の多くは囚人であったが、この作業への参加は恩赦要件となり、一九四八年五月二日、三一日、八月二〇日には、それぞれ一五〇〇名、七二四名、二二九二名が恩赦を受けた。できあがった施設群は近くの大都市アルザマスの郵便局が割り振った分類番号から〝アルザマス－16〟とも通称された。今日では通常、後者の名で呼ばれ、〝ロシアのロス＝アラモス〟ともあだ名されている。一九四九年初めには一一九の建物が完成していた。

〝アルザマス－16〟開設以前から、科学アカデミー・数学研究所と化学物理学研究所が爆宿法開発に必須の複雑な計算を、農業機械製作省第五〇四科学研究所などが複雑・精緻な爆宿法起爆装置の開発を担当していた。数学研究所では核計算のため、多くは若い女性からなる、ワン・クルー一〇〇名近い〝計算部隊〟が三交替で、簡単な機械式計算機を使って膨大な計算作業にあたっていた。一九四六年一二月から「第一一設計ビューロー」に研究活動の主要な部分を集中することとなり、そのための要員の選定作業を経て、一九四七年春から徐々に研究活動が始められた。

やがて、第一一設計ビューローには総計一一の研究室《ラボラトーリヤ》が設けられることになった。このうち第九研究室（一九四八年一月開設）では、フリョーロフらが危険を冒してプルトニウムの核反応を測定する実験を精力的におこなった。一九四九年の春頃から、彼らは金属の台のうえにウラン・ブロックに包まれたプルトニウムの半球を置き、その中央の窪《くぼ》みにラジウムやポロニウムとベリリウムとの合金を利用した中性子源を入れ、その上方に薄いウラン・タンパーに包まれた、もうひとつのプルトニウム半球を飛行機用の手動のウィンチで上下させ、さまざまな条件下で両半球を近づけ、二次中性子の数を計測しようとした。この危険な実験を、クルチャートフはユーモアをもって「ギリシャの器械」実験と呼んだ。

†一九四九年八月二九日――РДС－1実験

行政官ヴァシーリー・マフニョフの回想では、ソ連初の原子爆弾に付されたコード・ネーム、РДС《エルデーエス》－1は〝Реактивная《レアクチーヴナヤ》 двигатель《ドヴィーガチエリ》 Сталина《スターリナ》〟＝「スターリンのロケット・エンジン（または、ジェット・エンジン――ロシア語では双方とも「反動機関」に一括される）」の頭文字に由来するということであるが、ある技術者の回想では、科学者たちは、もっぱらそれを

図1-7　РДС－1のレプリカ。座っているのは晩年のユーリー・ハリトン

〝Россия《ラシーヤ》 делает《ジェーラエット》 сама《サマー》!〟＝「ロシアは自力でやる！」というスローガンに読み替えていた。権力基盤のさらなる拡張をめざす権力と、道徳的な判断はさておき、当時斯界で世界の最先端にあることを示そうとする科学者の思いが一致した、最高の、しかし、おぞましい〝同床異夢〟のなかで、ソ連は初の原子爆弾実験を迎えることになった。

〝第八一七コンビナート〟で必要量のプルトニウムが準備できたのは一九四九年八月五日、それが第一一設計ビューローに搬入されたのは八月八日であった。第一一設計ビューローでは、ただちに、そのプルトニウム加工品に制御信管が装着された。そして、一三日と一四日、セミパラチンスクから一七〇キロメートルのところに設けられた「第二学術ポリゴン（試射場）」で最初のリハーサルがおこなわれ、一七、一八両日にはコントロール系機器のテストが、最後に二〇、二一日に全体予行演習が実施された。

ポリゴンには原爆の破壊力を確認するため、二棟の三階建て家屋、木造家屋、送電設備、

図1-8　РДС－1の爆発（上）と爆発により破壊された兵器や建造物（下）

鉄道、運河、工場建屋、三つの地下壕、飛行機五三機、戦車二五両等の兵器が並べられ、一五三八頭の家畜も運ばれた。この頃（遅くとも八月二〇日には）ポリゴンの〈H〉《エヌ》地区〈32П〉《ペー》棟に爆弾本体が搬入された。二一日、クルチャートフ、ザヴェニャーギンが現地に到着した。

当初二六日が爆発実験決行の日と定められたが、当日は猛暑で、電気系統の作動に狂いが生じる不安があるとして、クルチャートフは実験延期を決意、ザヴェニャーギンを通じてベリヤの承諾を得た。そのベリヤも二六日には現地に到着した。ベリヤは二九日午前八時を実験時刻と通達した。電気的起爆装置を最終的に調整し終えたのが当日の午前三時、同五時五分から避難が開始され、クルチャートフが避難完了の電話を受けたのが、午前六時であった。この時、にわかに天候が悪化、雷と強い風が吹き始めたため、ベリヤは実験時刻を午前七時に早めることに決定した。午前七時、爆発実験実施。その二〇分後、二両の戦車が爆心に近づきつつ、観察を開始し、中心部から半径五〇メートルの建物の全壊、家畜三六八頭の即死を確認している。

5　PДC－1からPДC－6へ

†PДC－2

PДC《エルデーエス》－1実験の直前、一九四九年六月四日、ヴァンニコフ、クルチャートフら原爆開発機構の最高幹部たちは、一気にPДC－2からPДC－6まで、五タイプの核爆弾開発計画をすすめることを決断した。このうち、PДC－2は、経済性の面から後回しにされていた高濃縮ウラン爆弾、PДC－3はプルトニウム・高濃縮ウラン両用の爆縮法点火方式のもの、PДC－4はPДC－1よりひとまわり強力なプルトニウム爆弾、PДC－5

はРДС－3よりひとまわり強力なプルトニウム・高濃縮ウラン両用爆弾であった。そして、最後のРДС－6はソ連初の水素爆弾となるものであった。

РДС－2は高濃縮ウラン爆弾であった。天然ウランの大部分を占めるのは質量数二三八のウラン238であるが、核分裂連鎖反応を起こしやすいのはその同位体で、天然ウラン中に〇・七二％しか含まれていないウラン235である。高濃縮ウラン爆弾とは、天然ウランからウラン235粒子を分離、あるいはウラン中のその含有率を有意に高め（ウラン濃縮）、充分に分離・濃縮されたウランを〝爆薬〟として利用する爆弾をいう。高濃縮ウラン塊は臨界量未満のふたつの塊に分割され、炸薬の力を利用して一挙に結合されて爆発性の反応をあらわす（砲撃方式）。広島に落とされた通称「リトル・ボーイ」はこの形式に属する。

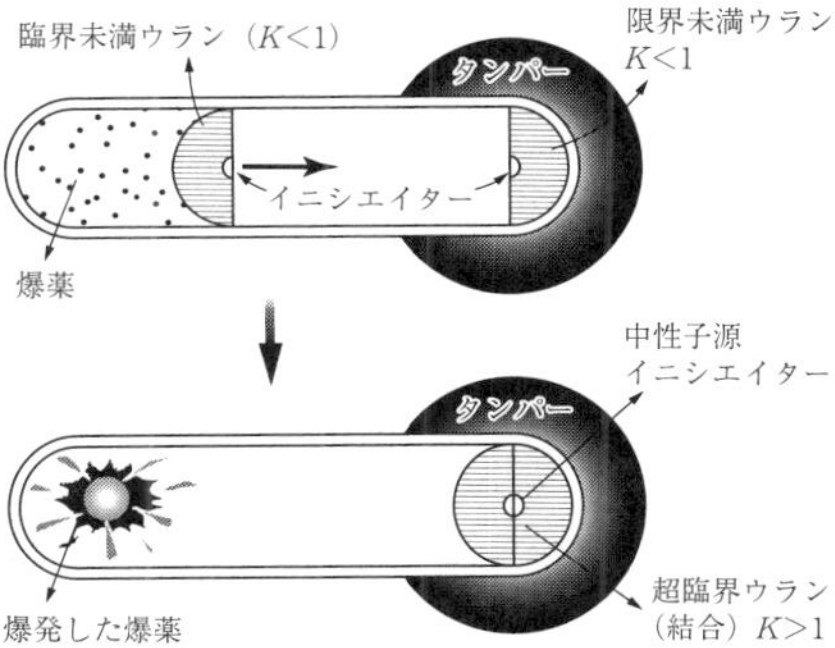

図1-9　砲撃方式の模式図（山田克哉『原子爆弾』講談社、1996年、383頁）

「マンハッタン計画」ではウラン235の臨界量を、最終的に一〇～二〇キログラムとしていたが、イサイ・グレーヴィチ、ハリトン、ゼリドヴィチは、一九四一年五月の段階でウラン235の臨界量を「およそ一〇キログラム」とかなり正解に近接した数値を割り出していた（«Атомный проект СССР» Т.1, Ч.2, pp. 469-497）。

ウラン238もウラン235も化学的性質は同じなので、両者は質量のわずかな差を利用して分離・濃縮される。「マンハッタン計画」では、ウラン濃縮に、加速イオンが磁場中に入って描く円形軌道の違いでウラン238イオンとウラン235イオンを分離する電磁分離法、気体状の六フッ化ウランをコンプレッサーの力を借りて、高圧で八〇〇～一〇〇〇ナノメートルの細孔《さいこう》を無数に穿ったバリヤーに吹き付け、低圧側にごくわずかながらより多くのウラン235を含む六フッ化ウランを滲《にじ》み出させ、それを何段階も繰り返す気体拡散法、そして、気状、液状の六フッ化ウランを部分により温度差のある容器に入れ、対流でウラン235をより多く含む六フッ化ウランを上方へ集める熱拡散法が用いられたが、いずれも装置の建設、運転に多額の費用を要した。対米諜報活動の結果得られた情報に基づき、経済性の観点から、ソ連最初期の原爆開発ではプルトニウム爆弾開発が優先され、高濃縮ウラン爆弾は後回しにされたのであった。

PДC《エルデーエス》－2は、三万人を超える戦後最大規模の突撃隊方式で建設されたウラン濃縮施設〝第八一三コンビナート〟（〝スヴェルドロフスク－44〟として知られる）で製造された。ここではウラン濃縮法として、気体拡散法が採用されたが、設備の開発・製造はしばしば六フッ化ウランの強い腐食性に阻まれ、バリヤーの連続生産と多数の細孔の穿孔《せんこう》に手間取りながら、ドイツ人科学者・技術者の〝協力〟を得て、ともかくも独自の気体拡散装置、ОК《オーカー》-7の量産にまずは成功、これを利用したД《デー》-1工場は一九四八年五月二二日、操業を開始することができた。

さらにД-1工場のカスケード（段）は増設され、結果的に、主力のОК-7が二〇一六段、その姉妹機種ОК-6が一五二〇段、ОК-8が二一六〇段、ОК-9が一三四四段備えられることになった。しかし、Д-1工場でほぼ最終的に達成された濃縮度は約七五％と低く、スヴェルドロフ州にドイツから接収した電磁石を使って新たに建設された「第四一八工場（〝スヴェルドロフスク-45〟）」の電磁分離法工場に転送され、そこで九〇％まで濃縮された。かくして、一九五一年九月二四日、РДС-2は飛行機から投下され、爆発実験に供された。

図1-10　気体拡散法装置群

†PДC-6――ソ連初の水素爆弾

原子爆弾を〝起爆装置（プライマリー）〟として、その核分裂によって生じた高エネルギーX線などを利用して、重水素とトリチウム（T：三重水素）、あるいは重水素同士を圧縮し、核融合を誘発する。重水素とトリチウムが核融合（α線と中性子になる）を起こすと、水素爆発の六〇〇万倍にあたる一七・五〇メガ電子ボルトのエネルギーを、重水素同士の核融合（α線になる）の場合は三・二七メガ電子ボルトのエネルギーを生じる。この仕組みによる爆弾を水素爆弾（熱核爆弾）と呼ぶ。原子爆弾がその〝爆薬〟となる核分裂性物質の臨界量に破壊力の限界があるのにたいして、水素爆弾（熱核爆弾）の破壊力には物理的な限界はない。

一連の計画の最後に位置するPДC《エルデーエス》-6の爆破実験は一九五三年八月一二日に実施された。一九四五年末、諜報機関のロンドン・レジデントゥーラ（拠点）は、アメリカにおいて重水素とトリチウムを原爆の高エネルギーを利用して融合させることでえられる反応についての研究がはじまったことを伝えた。さっそく、一二月七日には、ゼリドヴィチが「軽い原子核における反応を引き起こす可能性について」と題する報告をおこなった。さらに、一九四八年三月、〝原爆スパイ〟フックスから、アメリカにおける水爆開発研究に関する、確度が高く、たいへん詳細な情報が届いた。〝第八二〇号〟と番号を付けられたこの情報は、スターリン、モロトフ、ペルヴーヒン、ヴァンニコフに報告され、少し遅れてハリトンにも伝えられた。

一九四九年六月一〇日、政府は第一一設計ビューローと科学アカデミー・物理学研究所に核融合に関する研究グループをそれぞれ組織するよう指示した。彼らは相互に連絡はしあいながらも、それぞれ独立して、膨大な計算作業を含む理論課題に取り組んだ。一九五〇年五月一二日、第一一設計ビューローの会議で、物理学研究所の若い研究員アンドレイ・サハロフは、〝スロイカ〟（ロシア風パイのこと。重水素化リチウムとウランを層状に重ねた構造をとる）構造をとる独自の〝熱核爆弾〟の構想を提唱、支持された。九月になると、サハロフは「РДС－6の設

図1-11　РДС－6の爆発実験（1953年8月12日）

計にむけての技術的条件」と題するメモを作成、以降このメモに沿った研究開発がおこなわれることとなった。ニージナヤ＝トゥーラの「電気化学計測＝制御機器工場」で、重水素、リチウムなど、水爆の素材が生産された。

†波紋

РДС《エルデーエス》－1実験の成功は直ちにアメリカによって察知され、同国指導部に大きな衝撃を与えた。ハリー・トルーマン米大統領は「マンハッタン計画」の軍側責任者レズリー・グローヴズに、原爆開発でソ連が何年でアメリカに追いつくか尋ねたとき、グローヴズは「二〇年」と回答していた（科学者ロバート・オッペンハイマーは「三～四年」と回答）（中沢 一九九五、九九頁）。大方の予想を大幅に裏切って、わずか四年でソ連がアメリカに追いついたことは、アメリカ政府・市民に「東西冷戦」の本格到来を実感させ、アメリカ国内世論は大きく転換していった。

ヒロシマ・ナガサキへの原爆投下にたいして、ローマ法王庁などから非難され、アメリカ国内でも、米国キリスト教連合協議会が「われわれはまず罪責告白から始めなければならない。われわれ、アメリカのキリスト教徒として、すでに実施された原爆の無思慮な使用に対して、深い懺悔《ざんげ》を表明する」（栗林 二〇〇八、二七頁）との見解を発表するなど、ヒロシマ・ナガサキへの反省すら芽生えていた。

アメリカ国内のこうした原爆投下を批判、ないし疑問視する世論は、ソ連の原爆保持により掻き消され、世論は一変していった。一九五〇年、同じキリスト教連合協議会は「……キリスト教徒として核兵器に反対だというなら、その結果生じる世界的独裁に責任を負わねばならない。われわれはアメリカの軍事力が、世界戦争と独裁主義を防ぐために不可欠であると確信する」(栗林 二〇〇八、四八頁)との見解を公表した。

PⅡC-1の成功がこのようにアメリカにおける「冷戦気候」(Oreskes 2014 p. 11-12)の醸成、すなわち、市民の間に一種のマスヒステリア現象(第二章で述べる「マッカーシズム」)が広がるのに決定的に作用したとするなら、PⅡC-6の成功はアメリカ軍部の核戦略を大きく揺るがした。現在では、PⅡC-6は核融合で原爆(核分裂)を強化した〝強化型原爆〟(ブースター型原爆)に分類されるが、アメリカの水爆に比べコンパクトで実戦配備が可能であった。

「マイク」と名付けられたアメリカ初の水爆実験が太平洋上マーシャル諸島北西部に位置するエニウェトク環礁《かんしょう》で一九五二年(現地時間)一一月一日に実施された(「アイビー作戦」、または「マイク・ショット」)。爆発の威力はTNT火薬一〇・四メガトン相当、ヒロシマ型原爆の約一〇〇〇倍、直下のエルゲブラ島は完全に消失し、深さ六〇メートル、直径一・六キロメートルのクレーターが形成された（ローズ 二〇〇一（下）、七七八〜七八一頁）。しかし、「マイク」はあまりに巨大で、運搬に適していなかった。

わずか一年弱後、ソ連が重水素化リチウムを利用した、軽い熱核爆弾開発に成功すると、アメリカは水爆を小型化する努力をはじめる。アメリカも乾式（固形）水爆開発に取り組んだ。一九五四年三月一日から五月一四日、連続六回の爆破実験をビキニ環礁、エニウェトク環礁（うち一回のみ）で実施した。リチウム7の核反応を過小に見積もっていたため、実際の破壊力は見積もりを大きく超え（とくに、「ブラボー」ショットと称された実験）、安全圏内にいたはずの日本のマグロ漁船「第五福竜丸」の被ばく事件を引き起こす（現在では、第五福竜丸以外にも多数の日本船舶が被曝していたことが明らかになっている）。「レッドウィング作戦」（一九五六年五月四日〜七月二一日、計一七回の爆破実験）でようやく、アメリカの水爆は爆撃機搭載可能なサイズとなった（高橋 二〇〇八、一五一〜一九一頁、Higuchi 2020, pp. 16–60）。

こうして、米ソ両国は際限のない核軍拡競争を本格化させたのである。

第二章
核兵器体系の構築
――ウラン資源開発・ミサイル・原子力潜水艦

強制収容所収容者によるウラン採掘風景（1940年代末から1950年代初め頃）

1　科学者・技術者の動員

†「冷戦気候」

第二次世界大戦後、人類は、アメリカ合衆国とソヴィエト社会主義共和国連邦、およびそれぞれの同盟諸国の間で展開された、大規模な核軍拡競争をともなう政治的・軍事的対立、いわゆる冷戦（東西冷戦）のくびきのもとに置かれた。実際の軍事衝突（熱戦）にいたる例は少なかったのでこの名があるが、社会思想や文化的価値観までを含む、社会生活の多様な側面を巻き込んだ点でそれまでの単なる大国間の勢力圏争いと違った。

ソ連初の原爆PДC《エルデーエス》－1実験の成功、中国国共内戦における共産党の勝利（一九四九年）、朝鮮戦争勃発（一九五〇年）といった冷戦の深化のなかで、アメリカでは上院議員ジョゼフ・マッカーシーのヒステリックな反共煽動のもと、一九五〇年から五三年頃にかけて、多くの科学者、文化人、芸術家がソ連のスパイ、共産党員、ないしそのシンパサイザーとして摘発され、あるいはパージされ、あるいは〝仲間〟の（偽証を含む）告発・密告を強いられた。〝非米活動〟摘発を目的とした知識人、市民に対する告発、誹謗中傷、人権侵害の嵐は激化し、マスヒステリアの様相を帯びていった（中沢 一九九五、二一五、二一六頁）。こうして一般市民の間に形成された冷戦の精神的風潮「冷戦気候（Cold War climate）」（第一章既出）によって科学者は追い込まれ、あるいは時流に流されて冷戦型研究開発プロジェクトに従事し、そして少なくない科学者が苦悩した。

では、ソ連の科学者たちはどのようにして狂奔《きょうほん》する核軍拡に巻き込まれていったのであろうか。

†集権的多元主義モデル――ソヴィエト社会の理解

ソ連ではこうした苦悩を抱く科学者は少なかった。科学史家イーゴリ・ドロヴェニコフによれば、それは、主要には、「ソ連の核開発が二番手であったから」であった（ドロヴェニコフ 二〇〇六、二六頁）。原爆の対日使用に慎重な姿勢を取っていたアメリカのヘンリー・スティムソン陸軍長官は、原爆使用によるモラルの崩壊を危惧していたが、それが現実になったのである（Malloy 2008, p. 94）。

しかし、それでも、冷戦初期の巨大な軍事研究開発プロジェクトに多数の科学者・技術者を動員するためには、それなりに「冷戦気候」が醸成されなければならなかった。

気鋭の歴史学者アレクサンドル・リフシンとイーゴリ・オルロフは「明らかに管理可能

性の視点から見れば、ソヴィエト国家のまとまりは、深部において、もし、さまざまなレベルで、複雑化する社会全体に対する管理の空白を埋める、補償的な下位システムが形成されていなければ、これほど長くは保持されなかっただろう」と述べている（*Ливиин и Орлов* 2000, p.1）。科学史家ニコライ・クレメンツォフも、「その全体主義的な性格にもかかわらず、ソヴィエト国家はきわめて複雑な内的構成をもって」いたと指摘した（Krementsov 1997, p.5）。また、わが国でも、松戸清裕は、党と国家の権力は強大であったが、社会を統制し切れるものではなく、社会団体や住民の支持と協力を必要としたし、これらから一定の支持と協力を得られたものの、社会の隅々まで統制が及ぶような状況は出現しなかったと述べている（松戸 二〇一一）。全体として、ソ連解体＝旧秘密文書公開三〇年の研究成果は、従来の〝全体主義モデル〟から〝集権的多元主義モデル〟へと、ソヴィエト社会の理解がシフトした点に最大の特徴があろう。

科学史の分野においても旧来の、科学者（集団）と党＝政府官僚制との関係性についてより多元主義的な解釈が有力になっている。そのなかで注目されるのが、第一章でも指摘したソ連邦科学アカデミーの役割である。ソ連時代、そのスターリン期においてすら、科学アカデミーは科学者による高度な自治を実現し、しばしば科学者にとって権力から科学への介入にたいする〝避難所〟となり、またときに権力者との交渉をおこなう主体として重要な〝砦《とりで》〟ともいうべき役割を果たしていた。科学アカデミーを機軸として、さまざまな科学者（集団）と党・政府の指導者（グループ）との間に、利害の対立と緊張、ときにはプラグマティックな協働、さらにイデオロギー的協調にまでいたる複雑な関係が築かれていった。

†〝愛国的、唯物論的物理学者〟

冷戦勃発に際して必要なイデオロギー的引き締めのため、権力の側、すなわち全連邦共産党（ボリシェビキ）から発動され、一九四七年の「哲学討論」を皮切りとして五〇年代はじめまで大規模におこなわれた「学問分野別討論」は、発動者の意図を超え、それまでの、とりわけ戦時期における科学研究体制の歪みを背景とした科学者たちの不満を、イデオロギー的言辞をまとった、ねじれたかたちで爆発させることとなり、いくつかの分野で深刻な影響を与えることとなった。とくに独裁者スターリンが直接介入した生物学・遺伝学と言語学の両分野において事態は発動者の思惑をはるかに超えた地点まで進展してゆくことになる。前者では、のちにエセ科学として断罪される〝学説〟を掲げたトロフィム・ルイセンコとその一派の生物科学支配を赦し、後者では、圧倒的な影響力を持ち、〝言語学のルイセンコ〟とも称されたニコライ・マルの特異な〝学説〟、ドグマティズムが批判され、言語学はその限り正常化された。

核開発、その他の軍事研究開発プロジェクトに決定的に重要な物理学の分野では、一九四七年一一月、モスクワ国立大学物理学部の教育専任教員ヴァシーリー・ノズドリョフ、アレクサンドル・プレドヴォジーチェレフらが、数名の当時影響力を持っていた物理学者にたいする〝哲学的〟批判を展開した。彼らは〝愛国的・唯物論的物理学者〟を自称した。大戦中疎開先で窮乏のなか教育に専念させられた彼らにとっては、研究条件に恵まれた科学アカデミー傘下の研究機関に属し、カザンなど疎開先での戦時研究ではなばなしい活躍を見せた同僚（多くがモスクワ国立大学教授を兼職）にたいする嫉妬と憎悪こそがその行動のエートスであり、一連の「学問分野別討論」キャンペーンが発動されたこの段階で功利的に〝愛国的・唯物論的物理学者〟を装ったにすぎない。

しかし、告発者の側での哲学的素養の欠落と告発された側での〝理論武装〟（一九四八年、『哲学の諸問題』第二号に掲載されたモイセイ・マルコフの論文「物理学的知識の本質について」など）のために、告発のポイントは、キャンペーン開始から間もない時期に、哲学的な〝物理学的観念論〟批判から、外国の研究におもねり、ロシア科学の貢献を無視する〝コスモポリタニズム・対外拝跪《はいき》主義〟批判に収斂してゆく。

†コスモポリタニズム・対外拝跪主義

冷戦は、具体的には、それまで同盟国であったアメリカとソ連が敵対関係にはいったことを意味する。この時代の一流の科学者は、アメリカが同盟国であった戦時期、アメリカの科学者との交流にいそしみ、進んだアメリカ科学の恩恵に浴していた。戦後もソ連の科学者のなかには、アメリカの科学者との交流にたいする期待が強く存在していた。発動者の思いがどのようなものであれ、客観的には、この「討論」はアメリカ科学への憧憬《しょうけい》や期待を断ち切り、冷戦に伴う〝科学鎖国〟状況に甘んじさせつつ、ソ連の科学者に軍事研究その他に邁進《まいしん》させるための巨大な仕掛けとなった。党の科学行政家たちは、科学そのものに有害な影響をもたらさないように種々配慮しつつ、一連の告発者(〝愛国的・唯物論的物理学者〟)をトリックスターとして、第一線に立つ科学者たちを、〝コスモポリタニズム、対外拝跪主義〟との闘いに囲い込んでいった。

高名な物理化学者エフゲニー・ザヴォイスキーは原爆開発に手を染めることへの道徳的疑問に悩み、機会をとらえて計画から途中離脱していった。筋金入りの反スターリン主義者だったレフ・ランダウは爆縮法の計算を指導したのち、さっさと計画から去っていった。このような事例もあったが、全体としてもともと小さかった道徳的疑問は、このように科学者の世界において「冷戦気候」の拡大が進むとますます小さくなり、数多くの科学者がさまざまな冷戦期の軍事研究に参加することになった。

最初期の核開発計画の参加者のひとり、当時若かったアナトーリー・ブリッシュは、一九九八年、ある会合で当時を回想し、「われわれはみなどのような形であれ戦争に行って、それを憎んでいた。われわれは平和を欲していた。しかし、平和は強力な国によってのみ保障されえるのであった。それゆえ、とくにアメリカによるナガサキ、ヒロシマへの原爆投下ののちは、われわれは自分の仕事を重要で必要なものと考えた」と自分の計画参加の動機について語っている（*Визгин* 1998, p. 110）。

2　核兵器製造施設群の壮大な展開

†〝特別閉鎖都市〟

冷戦期軍事力の中核をなした核兵器・核弾頭の製造と研究開発は、一定の〝緊張緩和〟が進む一九六〇年代半ばまで著しく拡大した。こうして核弾頭は一時一〇万発を超えるにいたった。これにともない、ソ連でも核兵器開発＝製造拠点の拡張・増設が進んだ。

図2-1　第817コンビナート（1950年代後半）

連邦解体にいたるほぼ四〇年間に旧ソ連が製造し、蓄積した核爆弾・核弾頭はおよそ四万五〇〇〇発と見積もられている。このおびただしい核兵器はすべて、広い国土に点在する一〇ヵ所あまりの巨大な工場施設群を舞台に製造されたものである。それら施設群で働く人々とその家族の居住区が形成されたが、それらは〝特別閉鎖都市〟として存在そのものが秘密とされた。ソ連が解体した一九九一年、約七〇万五八〇〇人の人々がそこに暮らしていた。一九八七年現在、総計一五基の軍用原子炉が稼働していた。また、大規模なウラン濃縮施設が計四ヵ所存在していた。

〝第八一七コンビナート〟の巨大な施設群とその居住区は、当初〝チェリャビンスク-40〟というコードネームで呼ばれた。そこには、プルトニウム生産用の黒鉛炉が五基、トリチウムやプルトニウムを生産するための軽水炉が二基配備されていた。一九五七年に〝ウラルの核惨事〟（第三章でも触れる）と呼ばれる大事故を起こしたのち、ここは〝チェリャビンスク－65〟にコードネームを替えた。そののち、施設群は国家から「マヤーク」（Маяк：灯台、あるいはビーコンの意味）という美称を授けられた。ソ連解体時、居住区（オジョルスクとの名称が付された）の人口は八万三五〇〇人に達していた。

科学者、技術者を多数集め核爆弾・核弾頭の設計にあたらせた研究開発センター、第一設計ビューローは、のち、一九六七年に「全連邦実験物理学研究所」と改称されたが、それ以前からその居住区をあわせて〝アルザマス－16〟とコードネームで呼ばれていた。

戦後新たに建設された核兵器製造拠点のひとつ、〝クラスノヤールスク－26〟は、三基のプルトニウム生産用の黒鉛炉（うち一基は軍民両用）を備えた〝鉱山＝化学コンビナート〟を中心とした施設群で、居住区（ジェレズノゴルスク）は、ソ連解体時、九万三〇〇〇人の人口を擁していた。それは、一九五〇年、スターリンの布告によって、シベリアのエニセイ川流域ドドノヴォから一〇キロメートル北方で建設が開始された巨大地下工場群であった。五つの大きな工場施設のうち原子炉建屋、放射化学工場と冷却水精製工場は、上空からの核攻撃に耐えるため、地下深く（原子炉で地下二〇〇～二五〇メートル）に建設された。

建設作業には、当初、六万五〇〇〇人を超える囚人が動員されたが、一九五三年からは軍の建設部隊が担当し、約一〇万人という巨大な規模で工事がおこなわれた。最初の原子

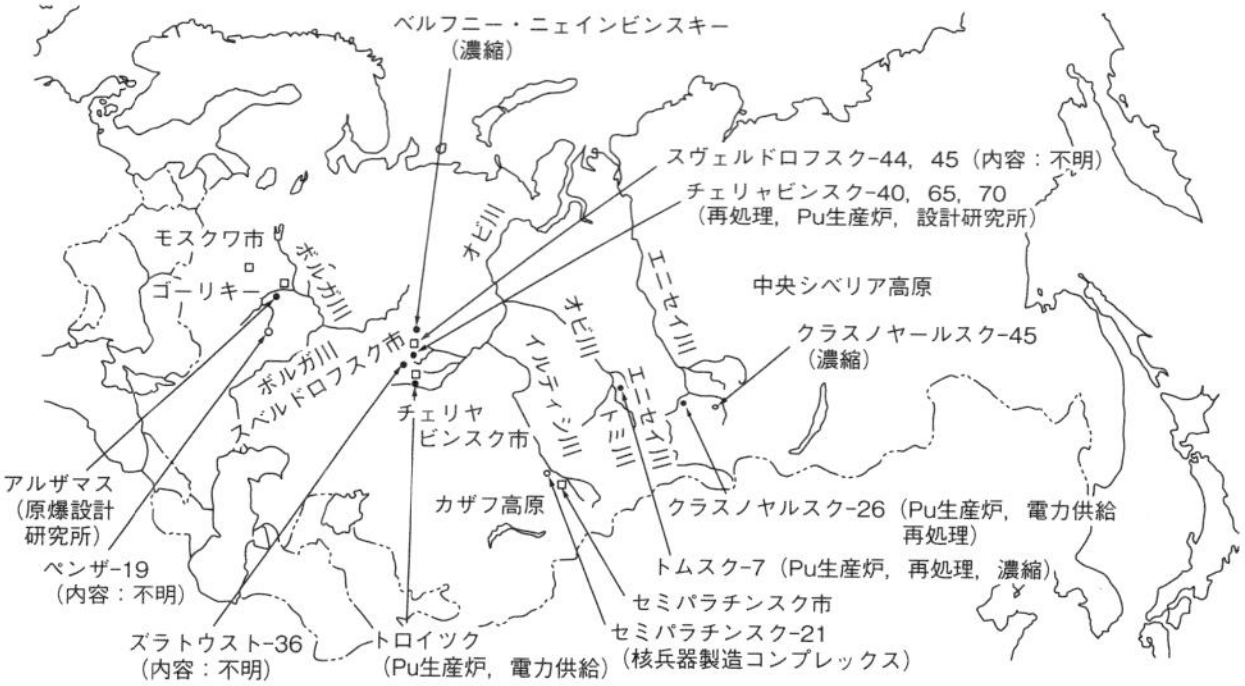

図2-2 〝特別閉鎖都市〟等核開発拠点（木下道雄・大田憲司「旧ソ連の原子力開発初期の歴史と原子燃料サイクル施設——原子力開発初期の歴史（2）」『原子力工業』第38巻4号、1992年）

炉が臨界に達したのは一九五三年であったが、地下工場全体が完成したのは一九六四年である。また、同地に隣接して、液体燃料ロケットや潜水艦発射弾道ミサイルなどを製作する重要な軍需工場が立地していた。核戦争が実際に起こった場合、最後の〝核反撃能力〟をここで担保する構想であった。

気体拡散法ウラン濃縮工場〝第八一三コンビナート〟を中心とする〝スヴェルドロフスク－44〟、電磁分離法工場〝第四一八工場〟を中心とした〝スヴェルドロフスク－45〟については、すでに第一章で述べた。このうち、〝スヴェルドロフスク－45〟は、新たに建設された〝ペンザ－19〟、〝ズラトウスト－36〟とともに、核兵器大増産のために核兵器の特殊部品の製造や核弾頭の組み立てに充てられた。ほかに、五基の黒鉛炉を備えた〝シベリア化学コンビナート〟を中心とする核爆弾材料製造の一大拠点〝トムスク－7〟、〝アルザマス－16〟に次ぐ設計センター〝チェリャビンスク－70〟も戦後新たに建設された（藤井 二〇〇一、三二～三八頁）。

＋ウラン資源開発

ソ連最初の原子爆弾開発計画の発動にともない、臨時の最高戦争指導機関、国家防衛委員会は一九四二年一一月二七日付でウラン鉱採掘の組織化を指示、翌年から広大な領土全域にわたって探鉱事業を展開した。一九四四年一二月八日、国家防衛委員会は、非鉄金属人民委員部からいくつかの部局を内務人民委員部に移管し、〝第九管理部〟（アヴラーミー・ザヴェニャーギン長官）として再編し、中央アジアに巨大な採掘企業を設立させることとした。一九四六年五月一五日付国家防衛委員会布告で内務人民委員部内に〝第六コンビナート〟が設立された。一九四六年、その建設と事業には一億九六〇〇万ルーブリの予算が投ぜられたが、翌四七年には二億四九〇〇万ルーブリまでに増額され、計二四五隊のウラン探鉱部隊が発遣された。〝第六コンビナート〟には、一九四七年四月一日現在、九八九七人が勤務していたが、職員数は急増し、一九四九年一〇月一日現在で二万一一二〇人、一九五一年には三万二〇三九人名となった。一九五一年現在、〝第六コンビナート〟はタボシャルなど一一カ所の鉱山、六九の坑道、八つの化学工場を擁する一大企業体となっていた。

一九四五年には、シャコプタル、マィリサィで古第三紀の石灰岩中にウラン鉱石が発見されていたが、一九四六年から四七年には、ウクライナでウランを含む鉄鉱石鉱山、ペルヴォマイスク（「メーデーの町」を意味する）とジェルトレチェンスコエ鉱山（ジョルトィエ＝ヴォドゥィ郊外）が発見され、北カフカースではベシュタウとブィク山地で鉱床が発見された。これらの発見のおかげで、一九四九年には、最初のプルトニウム生産炉、A《アー》炉や気体拡散法工場〝第八一三コンビナート〟へ原料を送れるまでになった。

一九五〇年代、動く貨物列車から地表のγ線を計測するガンマ・ラジオメーターが必要数供給されるようになり、航空機やヘリコプターから地上のガンマ線を計測する空中ガンマ・ラジオメーターが開発され、実際の探査に応用されるようになると、鉱床探査は新たな段階を迎えた。中央アジアで大きなウラン鉱床が次々と発見され、それらはソ連のウラン生産の基礎となった。

とりわけ、豊富な埋蔵量を誇るブハラのウチクドゥク鉱山（一九五八年開発開始、一九六三年採掘開始）、カザフスタン・マングィシュラク半島メロヴォエのウラン＝リン鉱石鉱床（一九五九年開発開始、一九六四年採掘開始）が開発されると、これら諸鉱山からのウランは、軍民両方の核工業設備・機械の製造を担当していた中型機械製作省（ミンスレドマシ）においてウラン採掘・精錬を司っていた省内の第一総管理部（本書で頻出するソ連邦閣僚会議附属第一総管理部とは別）が確保するウラン総量の、ときに七割以上にも上った。一九七〇年になると、ソ連は一万七五〇〇トンのウランを生産（うち一八〇〇トンが〝平和〟目的に利用された）し、世界最大のウラン供給国となった。

　ウラン鉱山では、何よりも、坑内に発生するラドン・ガスが深刻な放射線被曝を引き起こしていた。効果は万全ではなかったものの、放射性物質を含む粉塵を洗除する装置を付設した掘削法、粉塵を吸着させる添加剤（ナフテン酸塩石鹼）の利用、発破作業と集積作業への水力粉塵除去法の導入、そして貫通型横坑道へラドンを誘導する通風機構の導入など、一連の対策が採られた。

†東欧〝同盟〟諸国からのウラン提供

　また、初期核開発計画の過程で新たに東欧に次々と樹立された親ソ政権の協力を仰いだ。一九四六年末まで国産ウランは最初の実験炉Φ《エフ》‐1に必要な量（第一章で述べたとおり、実際にはその多くがドイツで確保された粗精錬ウランで満たされたが……）の五〇％にも満たなかった。豊富なウラン資源が開発された一九五〇年代後半まで、ソ連はウラン資源の不足を海外からの調達で補わざるをえなかった。また、ソ連国内産ウラン鉱がおしなべて低品位であったことも、ソ連をして東欧諸国、とりわけドイツ民主共和国（東独）とチェコスロヴァキアにウラン供給を依存する大きな背景となっていた。かなりのちの数字ではあるが、一九七四年の時点で世界のウラン鉱の平均ウラン含有率は〇・一％であった。一九四六年一二月現在、タボシャルなど中央アジア産出のウラン鉱の平均品位は〇・〇七％、一九五一年三月の段階でも、〝第六コンビナート〟が取り扱った鉱石の平均ウラン含有率は〇・〇六％にすぎなかった。国産ウランの低品位性はその後も大きな問題であった。実際には〇・〇〇二％含有のものまでも利用せざるをえなかった。

ドイツ・サクソニアとチェコスロヴァキアのヤーヒモヴォ（ドイツ名、ヨアヒムスタール）は前世紀から知られていた豊かなウラン鉱山があり、しかも、サクソニアのウラン鉱石の平均品位は〇・一五％（一九四八年現在）、ヤーヒモヴォのそれは〇・一四％（一九四八年現在）であり、国内資源の低品位性に悩むソ連には魅力であった。ソ連政府は、一九四五年一一月二三日、チェコスロヴァキアとウラン提供に関する協定を結んだ。一九四七年五月一〇日付で、ソ連政府が株式を保有する企業「ヴィスムート」社を占領下のドイツに設立、ソ連はサクソニアとそれに隣接する地域のウラン鉱の調査と採掘の全権利をえた。一九四六年にはヤーヒモヴォ以外の鉱山からの三・五トンを含め、チェコスロヴァキアは金属ウラン一四・五トンをソ連に提供した。一九四六年、ソ連は金属ウランに換算して一〇〇・八トンのウランを得たが、そのうち六二トンがこのようにして外国から提供されたものであった。

これら海外の鉱山における労働条件は、ソ連国内のそれに比べてもさらに過酷であった放射線病と闘ったことで著名なソ連の医師アンゲリーナ・グシコーヴァは一九五七年に「ヴィスムート」社を訪問しているが、狭く、未整備の坑道、弱い換気装置、火事が頻発し、七〇度にも達する坑内温度、ひどい湿気、不充分な機械化、無理なポーズでの重筋肉労働は労働者に深刻な影響を与え、気管支の病気が蔓延し、おそらく、放射性粉塵によるものと考えられる珪肺《けいはい》はその八〇%が、労働条件を犠牲にして大増産が図られた一九四九年から一九五一年に発症したと書き留めている（*Гуськова* 2004, p. 51）。

3 核爆弾・核弾頭から核兵器体系へ

†ミサイル

広島、長崎への原爆投下は第一次世界大戦後の世界の戦史上、きわめて稀な条件下で行われた。まず、アメリカの航空戦力は日本の航空戦力・防空装備を圧倒し、任意の目標に最小限の犠牲で、ほぼ自由に空から攻撃を仕掛けることができた。さらに、日米間の戦闘で地上戦がおこなわれることがきわめて少なかったことも原爆対日使用の条件として挙げられなければならない。地上戦がおこなわれている場合、核兵器はその巨大な破壊力のゆえに、その投下による味方への大規模損失を慎重に回避しなければならず、そのためその使用には大きな制約がある。広島、長崎に限らず、日本の諸都市への原爆投下にあたっては味方の損失を考慮する必要はほぼなかった。

しかし、アメリカが戦後冷戦(東西冷戦)のなかで鋭く対峙していたソ連が一九四九年八月二九日にはじめての原爆実験に成功し、史上第二の核兵器保有国となると、事情は一変、ヒロシマ・ナガサキにおけるような核兵器の〝素朴な利用法〟はこの時点で完全に過去のものとなった。核弾頭を敵に向かって効果的に投下するためのミサイルや原子力潜水艦などの核弾頭運搬手段、コンピュータをかなめとする戦闘指揮＝管制＝通信＝諜報の手段の構築が強力に進められた。

ミサイル(ロケット)の開発ではソ連がアメリカに先行した。世界の市民に自国の科学力をアピールすべく、米ソ両国は〝平和的〟開発競争も展開したが、宇宙空間に達するロケットの開発はその典型であった。一九五七年一〇月四日、ソ連は世界初の人工衛星スプートニク一号を打ち上げる。アメリカ市民の多くが、古代ギリシャの説話に登場する、頭上にぶら下がる剣「ダモクレスの剣」の警句を想起し、ソ連の核兵器が人工衛星からアメリカ人の頭上に放たれるのではないかと恐怖した。

ソ連におけるロケット開発を主導したのは、砲兵《ほうへい》装備の製造を担当する官庁、装備人民委員部（人民委員部はのち省と改称）の若い大臣であったドミートリー・ウスチーノフであった。ナチス・ドイツが大戦中に開発し、実戦で使用したV－1、V－2ロケットはコントロールの不正確性などの欠陥をかかえており、たとえこうした問題が克服されても、通常弾頭ではその高価格にふさわしい効果を持ちえず、核弾頭の運搬手段として核戦略に組み入れられる一九五〇年代半ばまではその将来性に確信を持ちえるようなものではなかった。しかし、ウスチーノフはその先見の明によって将来性を予見していたとされる。

†ウスチーノフと装備人民委員部（省）

戦争や冷戦のなかである兵器が高い軍事的効果を発揮したからといって、その兵器の研究開発を始動させた発案者が必ずしも先見の明に恵まれていたとはかぎらない。それは結果から原因を〝構成する〟知的作業の産物である場合が多い。

一九四一年から四五年にかけての年平均国防支出は予算支出の五〇・八％にあたる五八

二億ルーブリにのぼり、国民所得中にしめるその割合も一九四三年には三三％に及んだが、戦争終結の年、一九四五年になると国防支出は一挙に一二八億ルーブリに減り、翌一九四六年には七三億ルーブリ、一九四七年から四八年には六六億ルーブリの水準にまで低下した。一九四五年五月二〇日付で国家防衛委員会は軍需工業管理のための臨時官庁、弾薬人民委員部、迫撃砲・ロケット砲人民委員部、および戦車工業人民委員部をただちに廃止する決定を下した。

第二次世界大戦でソ連は直接その国土が戦場となり、約二〇〇〇万人もの犠牲者をだした。工業施設の破壊も著しく、鉄冶金工場三七、炭坑一一三五、大規模発電所六一、高圧送電線一万キロメートル、機械製作工場七四九、窒素生産能力の五〇％、硫酸設備の七七％などが失われた。経済の立て直しのために、戦時中肥大化した軍需工業の整理・縮小、民需転換が図られた。一九三七年をピークとする「大粛清」のあとの巨大な〝空白〟、すなわち人材不足ゆえに大抜擢を受けた少壮官僚ウスチーノフを人民委員（大臣）に戴《いただ》く装備人民委員部（省）も多種多様な民生用工業製品の供給を求められた。

しかし、装備人民委員部（省）は客観的には〝軍民転換〟に失敗、その存廃問題すら浮上させかねない状況であった。起死回生の策が図られなければならなかった。どの資料もウスチーノフの〝先見の明〟を証明してくれてはいない。装備人民委員部（省）にとって、展望の有無はともかく、ロケット開発（それも、指導的技術者の反対を押し切って、V－2ロケットの単純コピー路線をとった）は〝おぼれるもののワラ〟であったに違いない。

この起死回生策は見事に功を奏し、〝干天《かんてん》の慈雨《じう》〟となった。一九四七年一一月、ドイツV－2ミサイルのほぼコピーであるP《エル》－1の発射実験が行われ、それは三〇〇キロメートル先の目標に到達した。その後、ソ連〝宇宙開発の父〟セルゲイ・コロリョフらの手で改良が重ねられ、一九五四年からは長距離ミサイル・エンジンPД《エルデー》－107、およびPД－108の開発計画がスタートした。後者は初の大陸間弾道弾ミサイルの推進機関となると同時に、世界初の人工衛星スプートニク一号のエンジンともなった。その間、一九五五年には、原爆の小型化研究の成果、核弾頭のミサイル搭載が可能となり、はじめて長距離ミサイル（西側ではSS－3と呼ばれた）が実戦配備された。

†原子力潜水艦の開発――AM装置の躓き

第一次世界大戦でドイツのUボートが活躍して以来、潜水艦の戦術的有効性は広く認識されていたが、通常はディーゼル機関で浮上航行し、戦闘時にはバッテリーに蓄積された電力でわずか数時間だけ潜行航行するだけで、その活用には限界があった。潜水艦の推進機関に、酸素をほぼ消費せず、電気を供給し、電気分解により酸素を艦内に提供できる原子炉装置を利用すれば、潜水艦の戦術的価値は飛躍的に高まる。一九四五年、アメリカ海軍のハイマン・リッコーヴァー大佐は船用原子炉開発をジェネラル・エレクトリック、ウェスティングハウス両社に打診した。このうち、ウェスティングハウス社は、現在の加圧水型軽水炉の原型となる原子炉を構想、一九五三年三月三〇日に実験炉ＳＴＲ－１は臨界に達した。世界初の原子力潜水艦ノーチラス号はＳＴＲ－２を搭載し、一九五五年一月一七日には原子力による航行に成功、一九五八年八月、一〇日間潜ったまま北極海潜行横断航海に成功した。ある日突然、北極海の氷の下からアメリカの潜水艦が浮上し、核ミサイルをソ連領内に打ち込むのではないかと、当時のソ連市民はそのニュースに恐怖した。

ソ連でも、一九四七年には核反応によって生じる熱を動力装置に利用することについて語られていた。三月二四日に開催された第一総管理部科学技術協議会の会議において、同協議会学術書記のボリス・ポズドニャコフ（専門は機械工学）は「核反応による動力装置」と題する大きな報告を読み上げた。彼によれば、二〇キログラムのウランの原子核分裂で船舶を九万キロメートル航行させることができる、ということであった。また、一九四九年一〇月には、純水を減速材兼冷却材に用いる実験炉〝マリュートカ〟（赤ん坊の意味）の開発計画も浮上したが、核開発指導者層の多忙ゆえの消極姿勢のため発展しなかった。

一九五〇年二月一一日、第一総管理部の会議で、潜水艦用の原子力推進機関の開発に取り組むことが決められた。しかし、冷戦の激化のなかで情報統制の厳格化がすすみ、アメリカですでに開発過程に入っていたはずの潜水艦用原子炉に関する技術情報はまったく入手できなくなっていた。こうした状況のなかで、ニコライ・ドレジャーリら原子炉設計家たちが最初に構想したのが、ソ連においてすでに稼働していた原子炉の炉型＝黒鉛炉を極限にまで小型化・軽量化し潜水艦の推進機関に利用する、というものであった。ドレジャーリはのち、「〝液状の〟炉に由来するかもしれない諸現象を排除しようとすれば、固形の減速材を使わざるをえない」と頭から信じていたと告白している（Доллежаль 1999, p. 151）。原子力潜水艦用黒鉛炉はこの段階で〝AM《アーエム》装置〟と名付けられた。当然、この構想は頓挫する。AM装置はその位置づけが変更され原子力〝平和〟利用の世界でもっとも早い〝実例〟として民生用発電所に利用されることとなる（第四章で詳述）。

†K－3——ソ連初の原子力潜水艦

加圧水型軽水炉を原子力潜水艦の推進機関に利用する案は一九五一年末にまとめられ、翌一九五二年九月一二日付閣僚会議布告「祖国の原子力潜水艦建造に関する活動の展開について」に首相スターリンが署名し、研究開発がスタートした。このプロジェクトには「第六二七号」の番号が付された。熱出力七〇メガワットの原子炉、一基あたり毎時九〇トンの蒸気発生能力をもつ二基の蒸気発生装置、二〇〇〇キロワット出力の直流発電機二基を搭載する第六二七号艦は、開発・設計期間中における核弾頭の一層の小型化など兵器の革新に連れて、いくどか設計を変更し、装備の切り替えが図られた。

こうして、同艦は、排水量三〇五〇トン、潜航深度三〇〇メートル、潜行時最大速度一五ノット、浮上時三〇ノット、潜航日数五〇〜六〇昼夜、乗組員数八五名で、監視装置にはレーダーのほか、周囲を監視するテレヴィジョン設備が三基、防音に水中音響コントロール装置が装備され、主力装備として魚雷発射装置八門にたいして五三三ミリ魚雷二〇発を搭載した。これらの諸指標は「ノーチラス」号のそれらに近く、一九五九年秋に訪米し、アメリカの原子力船などを見学したドレジャーリは自信を深めている。

第六二七号艦は一九五八年七月一三日から白海で洋上実験に付され、実験結果の評価にあたった委員会の報告を俟《ま》って、一九五九年一月一七日に党中央委員会と閣僚会議の合同会議で承認され、ただちに第六二七号艦はＫ《カー》－３という戦術名を与えられて、試験航海のために海軍に引き渡された。Ｋ－３は一九五九年内に三回、それぞれ九昼夜、二二昼夜、一四昼夜の長期潜航実験に成功し、一九六二年七月には北極点までの北極海潜航航海に成功した。同年、同艦は「レーニンスキー・コムソモール」という栄称を与えられた。

しかし、ここで注目したいのは、第六二七号艦は五カ月近くに及んだ洋上実験の過程でも、ついにフル出力を達成できず（念願の原子炉フル稼働は、ようやく一九六二年八月三日）、一時は海軍サイドがその採用に反対したほどの不首尾ぶりであった。しかし、結局、こうした技術的未完成性を放置したまま、最短の時間でアメリカに追いつくために過大ともいえる原子力潜水艦建造計画を策定していた海軍上層部は、第六二七号艦を引き取り、同型艦を一一隻、一挙に建造することにした。

シリーズ最後のＫ《カー》－50が就役したのは一九六三年一二月二〇日、Ｋ－３の就役から五年も経っていなかった。Ｋ－３は、一九六五年一二月、小規模ながら冷却水の漏出が発見され、炉を停止し、冷却したあと、核燃料を取り出して炉内を点検したところ、耐食性遮蔽板が疲労した結果、裂け目を生じていたことが判明した。その修復を目的とした研究活動は多くの日時を要し、ようやく一九六六年九月から一〇月になって修理が完了している。同型艦Ｋ－８でも、その航海中、蒸気発生器から冷却水が漏出した。幸い、この場合、乗組員たちが修理し、艦は自力で帰港することができた。しかし、翌年七月四日、同じＫ－８で、北大西洋上航海中、おびただしい放射能が漏れ、司令官、上級士官、水兵などが大量に被曝、後日数名が死亡している。

一九六三年四月一〇日には、北大西洋上のＫ－19（一九六一年一一月一二日に就役した弾道ミサイル搭載艦）の事故で八名が死亡、艦は航行不能となり、基地に曳航《えいこう》されている。さらに、一九六五年二月一〇日、モロトフスクで繋留《けいりゅう》中のK－11の炉が過熱し、コントロール不能となり、八名が被曝した。

†液体金属冷却炉搭載の原子力潜水艦開発

動力機関にふさわしいコンパクトで軽量、効率的な原子炉として、核燃料に核分裂特性の高いプルトニウムや高濃縮ウランを使用する炉が構想された。プルトニウムや高濃縮ウランは核分裂で発生する中性子（高速中性子）の速度（エネルギー）そのままでも核分裂連鎖反応を起こすので、中性子の速度をとくに制御する必要はない。水は中性子を減速させるのでこの場合は水を用いず、炉の冷却には液体金属を用いる。コンパクトな炉心の冷却には水よりも液体金属のほうが有利でもある。アメリカでは、一九五五年、ニューヨーク州ウェストミルトンにおいて液体ナトリウムを冷却材とした試験炉の地上実験がはじまり、一九五七年には、その結果をうけて、アメリカ二隻目の原子力潜水艦「シー＝ウルフ号」用のナトリウム冷却炉の実験がはじまった。しかしながら、パイプに高熱の負担がかかり、また、ナトリウムの腐食作用で裂け目が生じるなど、不具合が多く、ついに出力の急低下とともに放射能を帯びたナトリウムが炉の外部に噴出するにいたった。このため、アメリカでは液体金属冷却炉の応用を断念、「シー＝ウルフ号」にも軽水炉が装備されることとなった。

ソ連では、〝原子力飛行機〟まで構想した原子力の〝才人〟アレクサンドル・レイプンスキーが指導者となり、一九五二年から液体金属冷却炉の研究が取り組まれていた。一九五五年一〇月二二日付閣僚会議布告で液体金属冷却炉を装備した原子力潜水艦の建造に向けた研究開発事業がスタート、計画には「第六四五号」という番号が付された。当初予定より約一年遅れの一九五七年一月、中型機械製作省は第六四五号艦の技術設計を承認した。これによれば、原子炉は二基、それぞれの出力は七三メガワットであった。BT《ヴエーテー》－1炉と称されたこの炉の燃料は九〇％濃縮ウランで、一次冷却材には鉛－ビスマスの共融混合物（容積は七・三立方メートル）を使い、二次冷却回路の冷却材は水で、蒸気発生器は両側舷に配置されていた。一時間九〇トン、四〇気圧、三五〇～三八〇度の蒸気生産能力を有するはずであった。重要な特徴のひとつは、融点一二五度の液体金属冷却材をたえず一四〇度以上に保つ加熱器などの諸設備が必要であったことであろう。一九五八年一一月、試験台に原子炉炉心部が装備され、年末までには試験台上への設備の据え付けが完了した。一九五九年三月、一次冷却回路に鉛－ビスマスの共融混合物が充填《じゅうてん》され、まず計画出力の一〇％で原子炉を動かしてみた。一九六〇年四月八日に計画出力を達成した。

一九六三年一〇月三〇日、同艦は海軍に引き渡され、K《カー》－27という戦術名を与えられた。

長さ一〇九・八メートル、幅八・三メートル、平均吃水《きつすい》五・九メートル、排水量（通常時）三四二〇立方メートル（最大時四三八〇立方メートル）、潜航深度三〇〇メートル（航行可能な深度は二七〇メートル）、浮上航行時最高速度三〇・二ノット、潜航中最大速度一四・七ノット、連続潜航期間五〇昼夜、乗組員一〇五名、というのがその指標であった。

Ｋ－27、およびその同型艦でも、スラグ、マグネシウム酸化物、鉄や鉛が原子炉内に付着する事態が頻発していたにもかかわらず、液体金属冷却炉を利用した原子力潜水艦の建造は続けられ、ついに破局的な結末を迎えることとなった。一九六八年五月二四日、Ｋ－27の左舷側原子炉で液体金属のスラグの付着とそれによる冷却材通路の閉塞を原因とする事故が発生した。過熱した燃料が一次冷却回路の一部に落ちてしまい、炉心は破壊され、乗組員の多くが被曝し、両炉は停止のやむなきにいたった。このため、冷却材は固まり、艦は曳航されて帰還、そのまま退役処分となった。

†核戦略の展開

核兵器開発はアメリカが先行し、一九六〇年代半ばまで、その核爆弾・核弾頭のストックは大きくソ連を圧倒していた。ある計算によれば、アメリカは一九五七年までに総計一万七五〇〇メガトンの威力を持つ五五四三発の核兵器を保有し、その破壊力は、一度の攻撃でソ連を〝放射能の砂漠〟に変えることができるほどのものであった。核爆弾・核弾頭の数でアメリカにはるかに遅れていたソ連は、アメリカにわずかに先行していた長距離ミサイルを重視し、一九五九年一二月には「戦略ロケット軍」を創設し、敵の重要目標に対する先制攻撃を旨とする核戦略を立てて、大陸間弾道弾ミサイル（ICBM）を開発、ミサイル装備の近代化を重視した（ホロウェイ 二〇二二、七五～七七頁）。

ソ連はアメリカとのギャップを埋めるべく、世界の核実験を憂慮する声に応えて一九五八年三月以来三年以上続けてきた一方的核実験停止措置を撤回（一九六一年八月）し、一九六一年一〇月三〇日、ノーヴァヤ・ゼムリャー島で、アメリカ型の、核分裂による高エネルギー衝撃波（おもにX線）によって重水素とトリチウムの核融合を誘発し、さらにそこで生じる膨大な数の中性子によるウラン238の核分裂で破壊力を強化した強力な水素爆弾（この型の水爆開発そのものには一九五五年に成功している）、広島型原爆の三三〇〇倍の約五〇メガトン、史上最大の破壊力を持ったAH《アーエヌ》－602の爆破実験に成功する。〝ツァーリ＝ボムバ（爆弾の皇帝）〟とあだ名されたこの水爆が放った著しく高い熱、巨大な破壊力、広範に広がった放射性降下物の被害は、地球環境の限界が真剣に危ぶまれたものであり、一九六三年八月五日に米、英、ソ三国間で調印され、一〇月一〇日に発効した「部分的核実験停止条約」締結の背景のひとつとなった。

図 2-3　AH-602（「ツァーリ＝ボムバ」）爆破実験、1961 年 10 月 30 日

キューバ危機を経て、米ソ間に〝緊張緩和〟（デタント）の機運が生まれた。部分的核実験停止条約もそのひとつの現れであった。ソ連は、アメリカが核爆弾・核弾頭数の削減・制限に移ったあとも、米ソ間ギャップを埋めるべく、核爆弾・核弾頭の増産につとめたが、それでも、核兵器による先制攻撃戦略からは距離を置くようになり、確実な報復能力を構築する政策を採用、弾道弾迎撃ミサイル（ＡＢＭ）の開発と展開に取り組むようになった（ホロウェイ 二〇二二、八二〜八四頁）。一九六〇年代末から米ソ間で二次にわたって進められた戦略兵器削減交渉（ＳＡＬＴＩ＆Ⅱ）、一九七二年のＡＢＭ条約によって、しだいに米ソ間核戦争の脅威は遠ざかり、小規模紛争への核兵器利用を想定した戦術核兵器の開発が重視されるようになった。

また、軍事核計画が縮小すると、ソ連のウラン産業にかなりの輸出能力が生まれた。ソ連は一九七〇年代に世界の濃縮ウラン市場に参入した（第六章参照）。

第三章

放射能の影

——米ソ〝サイエンス・ウォー〟の帰結

反核・人権擁護活動家、アンドレイ・サハロフ(1989年)

1　ソ連における放射線影響研究

†西脇安の訪ソ、ノライル・シサキャンの訪日

水爆小型化を目指して研究開発を重ねていたアメリカは、爆撃機に搭載可能な小型の水爆を、一九五四年三月一日から五月一三日にかけて六回、マーシャル諸島ビキニ環礁で実験に付した（キャッスル作戦）。その第一号の実験「ブラボー・ショット」によって生じた放射性降下物により、爆心から一八〇キロメートル離れたロンゲラップ環礁の住民や一六〇キロメートル離れた海域で操業中だった第五福竜丸の乗組員など日本の漁船が被曝した（高橋 二〇〇八、一五二頁）。大阪市立医科大学助教授であった西脇安《やすし》は、一九五四年三月一六日、大阪市の依頼で魚市場を検査した結果、ビキニ環礁付近でアメリカの水爆実験により被ばくした第五福竜丸から水揚げされたマグロから強烈な放射能を検出し、危機感を持つにいたった。彼は焼津に直行、第五福竜丸船体からさらに強烈な放射能を検出した。西脇は米原子力委員会に放射性核種に関する情報提供を訴える書簡を、当時のその妻ジェーンは米各紙に公開書簡を送りつけた。

西脇は海外にアピールする必要を痛感し、ヨーロッパ水爆実験禁止行脚を企図、賛同者から寄金を募り、一九五四年六月、ロンドン、オランダ、西ドイツを回り、リエージュで第一回国際放射線生物学会議に出席した。帰国した西脇は、一九五七年、今度はソ連・東欧諸国に水爆実験禁止を訴える行脚に出かけ、五月二九日、モスクワでニキータ・フルシチョフ首相宛に実験停止を訴える書簡を届け、六月五日、ソ連邦科学アカデミーで講演をおこなった（Nakao et al. 2015）。

西脇訪ソの直後、逆にソ連から日本に向かった科学者がいた。宇宙生物学の創始者のひとりとされる生化学者ノライル・シサキャンは、多くの啓蒙書を執筆したサイエンス・ライターとしてもソ連で人気を博していたが、スターリン死後の〝雪解け〟期にソヴィエト科学の国際的連絡の回復・発展に尽くした科学行政家でもある。彼は一九五七年一〇月、日本で開催された国際酵素化学シンポジウムに出席した際に、核実験の結果、東洋における主食であるコメに付着したストロンチウム90の高い残留放射能を危惧する日本人科学者（複数）の声を聞き、翌五八年七月一一日、科学アカデミー幹部会で自身の論文を読み上げ、当時、国連原子放射線影響科学委員会（UNSCEAR）で英米の放射線影響評価に対する批判を展開しようとしていたソ連代表団（後述）にエールを送るとともに、ソ連の指導的な科学者を前に「科学者ひとりひとりの責務は核実験のすみやかな停止を求めることにあります」と訴えた(Архив РАН Ф. 2106, Оп. 1, No. 22, л. 4)。

核兵器と戦争の廃絶を訴える科学者の国際運動「パグウォッシュ会議」には、その第一回目(一九五七年)からソ連の科学者が参加していたが、第四回(一九五九年六月二五日〜七月四日、オーストリアのバーデン＝バーデンで開催)では、シサキャンらソ連の科学者の働きかけもあり、参加者間で核実験即時停止を核兵器保有国に求めることが合意された(Архив РАН Ф. 2, Оп. 6, Д. 308, л. 77)。翌一九六〇年の第六回パグウォッシュ会議(第五回は限定的に生物兵器・化学兵器を対象として、第四回にほぼ引き続いて開催された)はシサキャンらの招聘により、モスクワで開催されている。

こうした科学者の動きは、一九五八年三月からソ連政府が一方的核実験停止(一九六一年八月まで)に踏み出し、ビキニ事件等をとらえて、アメリカ帝国主義の罪悪を声高に非難していたことに照応してはいた。しかし、権力と科学者を一体視する見方はソヴィエト科学史研究の最新の成果(第二章)に相反しているのみならず、次々に変化するトランシエントな政府の政策と長い時間を要する科学研究との間のそもそもの〝時間の尺度〟の相違を無視するものである。権力の側の姿勢に励まされながらも、後述するように、科学者たちは放射線影響研究の重要性、生物科学正常化の不可避性、英米流の影響評価への疑問・批判の必要性に、科学内在的な経路を経て辿り着いたのである。

†チェリャビンスク－40における放射線被曝と〝ウラルの核惨事〟

国際放射線防護委員会（ICRP）批判の諸論点は対米批判のために早急に準備されたものではなく、深刻な放射線被曝の広がりを背景に、ソ連国内でその一〇年近く前から積み上げられてきた内在的な研究の成果にほかならなかった。

〝チェリャビンスク－40〟に派遣された若い医師アンゲリーナ・グシコーヴァは、次々と運ばれてくる放射線被曝者の診療に忙殺されていた。彼女はのち、同所における放射線被曝の深刻な実態について貴重な証言を残すことになる。最初の一〇年間で大量の放射線被曝を原因とする重度の疾病にかかったものは計四二名、うち死者は七名に達した。プルトニウム生産炉を中心としたA《アー》工場では、原子炉の操業に携わる作業員の被曝線量は著しく大きく、一九四九年には年間で平均九三六ミリシーベルト（シーベルト単位については第一章既出）に達した。プルトニウム分離施設のБ《ベー》工場を科学面で指導していた放射化学者ボリス・ニキーチンは一九五二年に四六歳で、同じ

図3-1　「チェリャビンスク－40」最初の医務棟

くアレクサンドル・ラトネルは一九五六年に五〇歳で亡くなった。

また一九五三年三月一五日、出荷直前の高濃度プルトニウム溶液がコンテナに入らず、流れ出し、自発核分裂が始まるという事故が起こった。その連鎖反応はただちにくい止められたが、処理作業中、過剰に放射能を浴びた作業員二名が亡くなっている。この工場では一九四九年から五四年にかけて、医学検査の結果、計一万一〇〇〇人の従業員のうち、程度の差はあれ、放射能による職業病と診断されたものは約一三〇〇人にのぼった。うち、一〇〇〇ミリシーベルト以上の被曝をうけたものは約三〇〇〇人であった。

図3-2 「チェリャビンスク－40」でのグシコーヴァ（前列左から３人目）と彼女を支えた看護師たち

やはり、〝チェリャビンスク－40〟に派遣された若い生物物理学者ヴァレンチン・ホフリャーコフは、一九四九年から五九年の間に二回、死体の骨を焼いた灰からアメリシウム、プルトニウム由来のα線を検出し、内部被曝の問題に強い関心をもった。彼は死者の体内に残るプルトニウムが許容量の何十倍にも達することを知った。

さらに、一九五七年九月二九日一六時ころ、高レベル放射性廃棄物の硝酸《しょうさん》アセテート溶液を七〇～八〇トン入れたコンクリート製で容量三〇〇立方メートルの容器の冷却装置が不全となり、三三〇～三五〇度にまで加熱された溶液が爆発、内部に入れられていた二億キュリーの放射性物質（ストロンチウム90、イットリウム90、ジルコニウム95、ニオブ95、セリウム144、プラセオジム144、ルテニウム106、ロジウム106、セシウム135等）のうち、その約一〇パーセントが大気中に飛散、気流に乗って北東に移動した。気流の関係で放射性物質がおもに人口希薄な土地に広がったため、被曝した住民は奇跡的に六六〇〇～八三〇〇人のオーダーにとどまったとされている。しかし、放射線被曝の深刻な結果が知られていたなかで、多分に人々を震撼《しんかん》させる事態ではあった。さらに、対策と調査は大幅に遅れた。

✝ソ連国内の放射線影響研究

一部については第一、二章でも述べたが、こうした放射線被曝の広がりによって、ソ連の科学者・医学者は自分たちで放射線影響研究を独自に進めなければならない状況が生まれた。すでに、科学アカデミー「原子力平和利用会議」（一九五五年七月一～五日。第四章参照）においても生物学の分科会が設けられ、そこではその段階におけるソ連国内の放射線影響研究の成果が発表されていた。そこで、とくに関心を惹くのは、英米の研究で軽視されていた神経組織への放射線の影響、不透過電離放射線による生体の外傷作用など、放射線の非ガン的影響に関するいくつかの研究であろう。

一九五六年一月三〇日から二月四日には、保健省主催「(第一回)全連邦医療放射線学会議」が開催された。この会議では、医学界の重鎮であったソ連邦医科学アカデミー正会員、労働＝職業病研究所長のアヴグスト・レタヴェトが、それまで彼らが依拠してきた英米流の「許容線量」に対する疑問を取り上げ、原子力平和利用開始にともなう放射線許容量を根拠づけるソ連独自の研究の必要性を強調していた。

さらに、一九五七年四月四日から一二日、大規模な学術会議「放射性・非放射性同位体元素と放射線の国民経済と科学における応用に関する全連邦科学・技術会議」が開催された。この会議には、国内一〇一六の研究機関・医療機関から三〇〇〇人以上が出席し、計四四四報の発表を聞いた。その成果はアンナ・コズローヴァ編『医療放射線学』と題する大部のプロシーディングズに収録された。ここで特徴的なのは、大気圏内水爆実験による放射性物質の降下、いわゆる「グローバル・フォールアウト問題」に高い関心が払われたことである。また、放射線の細胞遺伝学的影響についても研究結果がいくつか発表された。

こうした研究のなかには、口頭発表ではなく、『原子エネルギー』誌に本格的な論文として発表されたものもあった。レベジンスキーらの「低線量電離放射線の生物学的作用についてなどがそれである(«Атомная Энергия». 4-6. pp. 310-320)。また、同誌には、アンドレイ・サハロフが「核爆発による放射性炭素とその閾値《しきい》のない生物学的影響」と題する論文を発表している（«Атомная Энергия». 5-3. pp. 576-580）。こうした研究がＵＮＳＣＥＡＲにおけるソ連代表団のＩＣＲＰ批判に論拠を提供していった。のち、これら諸論稿の多くが論集『核兵器実験の危険性に関するソヴィエト科学者の意見』（Под ред. *Лебединского* 1959）に収録されることになる。

†放射線生物学＝物理化学生物学研究所

冷戦期、核戦争の脅威の高まりに伴う放射線影響研究の必要性は同時代の科学者にとって自明のことであった。放射線の遺伝への影響が大きく問題となるなか、遺伝子学説を否定するルィセンコ学説（遺伝的性質が環境操作によって変化するものと見なし、メンデル遺伝学を否定した）が優勢にあった当時のソ連でこうした研究課題は生物科学の正常化と結びつかざるをえなかった。また、ルィセンコ派の妨害をはねのけて、一九五八年春、ソ連邦科学アカデミー・シベリア支部に誕生した巨大研究機関、細胞学＝遺伝学研究所は、一九五〇年代半ば以降の世界的な規模における分子生物学の爆発的な発展を前に、広範な領域での基礎研究を志向するようになり、放射線生物学（放射線遺伝学・細胞学）に専門化した研究拠点とはなりえなかった。

一九五七年三月二九日、科学アカデミー幹部会は、立ち後れていた放射線生物学（とりわけ放射線遺伝学）、生物物理学などの研究を飛躍的に発展させることを目的に、放射線細胞学、一般生物物理学、同位体元素研究の三分野の研究をおこなう巨大な研究所を新設する決定を下す。審議の途上、高名な物理学者でのちのノーベル物理学賞受賞者ピョートル・カピッツァはアカデミー幹部会員たちに熱く訴えかけた。

わたしはまったく遠慮せずに率直に言わなければならないと思います。将来の戦争は、それが実際に起ころうと起こるまいと、ほかの誰でもない、生物学者が勝敗を決めるのです。今、この問題、つまり、核戦争の帰結がどんなものになるかという問題を決めるのは物理学者ではない、生物学者です。わたしたちはここにびくびくしながら残っていました。まったくびくびくしていた。これらの問題を他の問題と混同してはなりません。わたしたちにはこのような遺伝学研究所、放射線遺伝学研究所が必要です。……どんな方法を使ってもこのような研究所をつくらなければならない。これがわたしたちの今日的課題です。わたしたちはこの課題をできるだけ早く解決しなければなりません。今までのようにぐずぐずしていてはなりません。（Архив РАН Ф. 2, Оп. 6, Д. 240, л. 79）

早くも四月二六日には、高名な生化学者ヴラジーミル・エンゲリガルドを所長職務代行として、ソ連邦科学アカデミー・放射線生物学＝物理化学生物学研究所（「放射線」と「物理化学」が形容詞としてともに「生物学」にかかっている）が設立された。エンゲリガルドら研究所指導部は必要な人材のリクルートと研究装置の整備に全力を傾注した。実験装置の充実についてみれば、一九五九年中に日本製高品質走査型電子顕微鏡、遠心分離機一七基、英国製冷却装置付き遠心分離機、日本製記録分光光度計、顕微鏡二一台、分離成分コレクタ三基、分光光度計三基、測微光度計、万能光度計、微小X線測定器を購入した。懸案の実験スペースでは、モスクワ中心部のビル群に計四七室を確保し、その年のうちに二六室は機器装備を完了した。

2　放射線影響研究をめぐる対英米〝サイエンス・ウォー〟とその挫折

†ソヴィエト科学者による英米流放射線影響評価への批判とその躓き

水爆実験を憂慮する声が世界中で高まるなか、少し遅れてではあるが、ソ連の科学者たちもアメリカ〝水爆の父〟エドワード・テラーらの核実験擁護論、核兵器実験のフォールアウトにたいする米英流の楽観的な評価を激しく批判した。一九五八年夏、国連原子放射線影響科学委員会を舞台にソ連の代表団は、内部被曝（セシウム137、ストロンチウム90）の軽視にたいする批判など、今日なお新鮮な論点を数多く掲げて、英米主導の国際放射線防護委員会（ICRP）による甘い放射線影響評価に対峙した。

低線量被曝・内部被曝の問題以外にも、個々人の放射線に対する感受性の違いを無視して安易に〝平均値〟を求める方法への疑問、牛乳ばかりを取り上げ、コメを多く食する東アジアの人々の食餌《しょくじ》への影響を無視する姿勢、核爆発による放射性炭素の発生とそれによる内部被曝の軽視、放射性降下物の長期にわたる土壌への浸潤・濃縮の軽視、鼻血などの外傷性・非ガン的影響の軽視など、彼らが取り上げた論点は多岐にわたる。

さまざまな論点に沿った英米科学者への批判は、のち、アンドレイ・レベジンスキー編『核兵器実験の危険性に関するソヴィエト科学者の意見』（Под ред. *Лебединского* 1950）にまとめあげられた（一九六〇年には英訳）。ソ連による一方的核実験停止以降、放射線安全基準問題がもうひとつの冷戦の〝戦場〟となるなか、ソ連の科学者は英米流の放射線防護基準にラジカルな批判を展開したのであった。

しかし、UNSCEARの場で「社会主義諸国は、核実験の即時停止を盛り込むように主張した」が、「結局、核実験即時停止は、少数意見として葬られた。そのようにして、国連科学委員会報告の内容をめぐる争いは、アメリカとイギリスの共同戦線の、別の言い方をすれば、ICRP主導国の勝利に終わった」（中川 二〇一一、八九頁）。

†「電離放射線の生体への一次的影響、および初期影響に関する国際シンポジウム」

放射線生物学＝物理化学生物学研究所は始動するとまもなく大規模な国際会議にかかわることになった。一九六〇年一〇月一八日から二二日、モスクワにおいて、ソ連邦科学アカデミーの主催、国連教育科学文化機関（ユネスコ）と国際原子力機関（IAEA）の後援で「電離放射線の生体への一次的影響、および初期影響に関する国際シンポジウム（The International Symposium on Primary and Initial Effects of Ionizing Radiations on Living Cells）」が西側から一七名、チェコスロヴァキアから六名の科学者を迎えて開催された。シンポジウムには、ルイス・ハロルド・グレイ、トーア・ブルスタッドなど西側の名だたる放射線研究者が出席した。

計二四報の研究発表のあとの総合討論はたいへん白熱したものとなった。主要な論点は、放射線による非ガン的影響のひとつ、〝生物組織の外傷〟について、そして、〝低線量照射後の遺伝子の自己修復〟についてであるが、ドゥビーニンは、西側の科学者が支持する後者の説への疑問を列挙して、「①放射線量に閾値はない。②突然変異の発生率は線量に直接依存する。③低放射線量は累積的作用をもつ」という原則の受け入れを主張した。しかし「染色体の損傷は直接的な放射線の作用によるもののみではない」などと西側科学者からの反論が相続いた（Harris ed. 1961, p.337）。ソ連側は、西側科学者が示す圧倒的な量のデータの前にしばしば沈黙する以外の選択肢をもたなかった。

そもそもアメリカは、広島と長崎で原爆傷害調査委員会（ABCC）が収集した被爆者に関する膨大な量の医学データをほぼ独占していたし、さらにそれ以前、「マンハッタン計画」のなかでも放射線の人体への影響は、一連の人体実験を含め、入念に研究されていた。また、ウィリアム・ラッセルらの、いわゆる〝メガマウス実験〟、すなわち、おもに低線量領域で放射線量を変えつつ、七〇〇万匹とも言われる膨大な数のマウスに放射線を照射し、突然変異の発生率を探る壮大な実験など、巨額の資金を投入した一連の実験を通じて膨大なデータを収集していた。

ソ連の研究者にとくに影響を与えたのは、このメガマウス実験をはじめ、放射線生物学研究の〝ビッグ・サイエンス〟化を主導したオークリッジ研究所（アメリカ核兵器研究開発拠点のひとつ）の生物学部長アレキサンダー・ホレンダーの放射線生物学＝物理化学生物学研究所訪問であった。彼は、研究員たちにアメリカ流の〝ビッグ・サイエンス〟に関する重要な知見をもたらし、ソ連のその後の研究に多大の影響を与えた。

一九六一年八月、第五回生化学国際会議が、モスクワ郊外に移転して間もないモスクワ国立大学の新しい、広大なキャンパスを会場に、五八カ国から約五五〇〇名の科学者（ソ連から約二〇〇〇名）を集めて開催された。ホスト機関であった科学アカデミー・生化学研究所では、事後その総括がおこなわれた。同研究所の報告書は「いくつかの核酸とタンパク質の分野におけるソヴィエト科学の成果のなかには、それ〔ギャップ〕を埋め合わせ、補うことができるものもあるが、外国の科学と祖国の必要に示された水準からは研究のすべての前線で明らかに立ち遅れている」と述べている（Архив РАН Ф. 1979, Оп. 1, Д. 22, л. 2, 4）。こうした衝撃は、この会議に多くの同僚を送った放射線生物学＝物理化学生物学研究所も共有していたことであろう。

加えて重大であったのは、放射線生物学＝物理化学生物学研究所が放射線影響研究のための研究手段・環境整備の立ち遅れを払拭《ふっしょく》できなかったことである。一九六二年の同研究所の年次報告は、「あらゆる努力にもかかわらず、研究所指導部は、諸種の放射線源のための区画、……特定建物を建設する問題を解決できなかった」と告白していた（Архив РАН Ф. 1979, Оп. 1, Д. 35, л. 26）。

放射線影響研究の分野でも、原子力平和利用分野（第四章）の場合と同様、アメリカ流の、いわゆる〝ビッグ・サイエンス〟がソヴィエト科学者を圧倒した。圧倒的なデータの量を前に、自前の研究が隘路《あいろ》に入った以上、部分的にはともかく、全体として彼らは西側のこの分野における研究のフォロワーとなる以外に選択肢をもたなかった。

†放射線影響〝楽観論〟の横行

一九五〇年代、核戦争は現実味を帯びた脅威であった。ソ連政府は核戦争に対する自国民の不安を緩和する必要が生じた。このことを反映して、原爆による放射線障害と防護法・治療法を医療関係者、大衆向きに解説した医学書が多数出版された。そのひとつ、アンナ・コズローヴァとエフゲニー・ヴォロビィヨフとの共著『原爆爆発による損傷の診断と治療』では、「原子兵器は、その他の兵器と同様、絶対的なものではない。防護策の正しい実行と被爆者への時宜を得た救助は原爆爆発による損傷の効果をかなりの程度減じるであろう」と市民に冷静な対応を要請していた（*Козлова и Воробьёв* 1956, p.3）。

一九五四年六月、世界初の商用原子力発電所、オブニンスク原子力発電所が操業を開始すると、原子力の平和利用に希望を託す論調が言論の世界で大きく成長する。たとえば、当時人気を誇ったサイエンス・ライター、キリル・グラドコフはその少年少女向け読み物、

『原子のエネルギー』のなかで、次のように解説していた。

一度に大量に浴びる放射線は動物と人間にとって直接的、かつ無条件に危険である。……人が放射線源（原子炉、加速器、放射性物質、レントゲン）のもとで働かざるをえない場合、特別に入念な予防と管理の措置が講じられるが、それらは複雑でも高価でもないであろう。……それらのおかげで、実際には放射線病罹病の可能性は過去のものとなった。もし起こるとすれば、それは滅多にない事故か荒っぽい不用心の場合だけである。

（*Гладков* 1958, p. 262–263）

一九五〇年代後半、ソ連政府は、軍民双方における核開発を進めながら、世界の平和運動と結んでアメリカの核戦略を批判するという、まるで離れわざのような、アンビヴァレントな姿勢をとっていた。ソ連の放射線影響評価は核兵器製造拠点における放射線被ばくの増大とソ連政府のこうした姿勢を反映して、アメリカの核戦略をゆるす英米流の放射線影響評価の欺瞞《ぎまん》を暴きつつ、国内的にはひとびとの核戦争と放射線への不安を緩和する必要に迫られ、複雑な様相を見せることになった。そして、原子力平和利用への期待の醸成策、一九六一年八月のソ連による核実験再開、そして、背後にあったアメリカ流の〝ビッグ・サイエンス〟を眼にしたソヴィエト科学者の自信喪失、これらを要因として、次第にソ連の科学者もICRPの放射線防護基準を受け入れてゆく。

放射線防護基準の策定は原子力利用を社会に承認させるうえで必須の手続きとなる。米ソ両国は核軍拡競争においても、原子力平和利用キャンペーンにおいても、あれほど厳しく対立しながらも、およそ一九六〇年代前半には、ソ連側からのICRP批判は沈静化してゆき、やがて、冷戦下の核軍備競争では鋭く対峙していたはずの米ソが放射線影響評価と防護基準では多くの点で共同歩調をとるようになり、ついに「被曝防護の体制は、核兵器と原子力発電を至宝とする支配層が、被支配者にヒバクを強要するための社会的仕組みとなった」(中川 二〇一一、二六三頁)。

†アンドレイ・サハロフ

ソ連政府による核実験再開、放射線影響評価をめぐる〝サイエンス・ウォー〟での敗北によって、ソ連の科学者がみな核軍拡や放射線影響評価の問題で沈黙してしまったわけではない。

〝スロイカ型〟水爆、つまり固形水爆の発案者アンドレイ・サハロフは英米流の放射線影響評価批判に加わり、核爆発による放射性炭素の発生とその人体への影響を担当した。彼は、レベジンスキー編『核兵器実験の危険性に関するソヴィエト科学者の意見』に「核爆発による放射性炭素とその閾値のない生物学的影響」と題する論文を寄稿し、そのなかで、「……実験の継続と核兵器とその実験を合法化しようとするあらゆる試みは人間性にも国際法にも反している。いわゆる〝清らかな〟〔つまり核分裂性物質の大量発生をともなわない〕爆弾に由来する放射性の危険性が存在することは、この種の大量破壊兵器の質的に特別な性格についてプロパガンダをおこなう者の言明から根拠を奪うものである」(Под ред. *Лебединского* 2000, p. 37) と水爆を擁護するアメリカの議論を厳しく批判し、「二〇世紀のふたつの世界大戦は死亡率を一〇%も上げはしなかったが、だからといって戦争が正常な現象であることにはならない」と論文を締めくくっていた (Под ред. *Лебединского* 1959, p. 43)。彼はこうした見方をその後も愚直に貫いた。

背景には、彼自身が抱いていた放射線被曝への恐怖があった。「一九五三年の水爆実験のとき、サハロフは爆発の現場を観察する際に放射線を浴びたと断言した。彼の白血球は一定して増加傾向にあり、彼は白血病に罹ることを恐れていた」(メドヴェージェフ兄弟 二〇一二、二〇四頁)。同じ実験に立ち会った中型機械製作省(原子力工業管理担当官庁)の大臣ヴャチェスラフ・マルィシェフは白血病で一九五七年に死去した。まだ五四歳だった。

一九六一年七月、核実験再開をフルシチョフ政権が決めつつあった段階で、サハロフは、フルシチョフ宛に「手記」を送り、「ソ連とアメリカ合衆国が相対的に努力していることから見て、実験再開は合理的ではない。……あなたも、実験再開が、実験禁止をめぐる交渉に、そして軍縮、全世界における平和の確保の全事業に修復困難な損失を与えるだろうことはおわかりではないでしょうか」(「サハロフ、核実験に反対する闘争」ウェブサイトより)と、核実験停止の継続を訴えた。

これが彼の反体制運動の最初となった。自国政府が核実験を再開したあとも自国の核開発に疑問をもち、政府への異議申し立てを繰り返して、まるでのどに刺さった魚の小骨のようにソ連の政治権力を悩ませた。彼はさらに一九六〇年代後半からソヴィエト社会の民主化と人権擁護を求める社会的発言を繰り返し、党・政府の逆鱗《げきりん》に触れ、ペレストロイカ期の一九八六年になってミハイル・ゴルバチョフ党書記長により流刑が解除されるまで、政治的に抑圧され続けた。一九七五年にはその人権擁護への貢献が認められ、ノーベル平和賞が授与された。

しかし、彼は〝突出〟してはいたが、〝孤立〟していたわけではない。彼を含むソ連における「異論派(Инoмыслие《イノムイスリエ》)」の周囲には、口ではともかく、内心ではシンパシーを持つ多くの科学者、知識人がいたことは今日では明らかになっている(メドヴェージェフ兄弟 二〇一二、二〇〇〜二一八頁参照)。

第四章

ソ連版"平和のための原子"

オブニンスク原子力発電所原子炉の上蓋部（1964年、写真提供：TASS／アフロ）

1　原子力平和利用キャンペーン

†ヴィシンスキー演説

一九四九年一一月一〇日、ソ連最初の原爆実験（八月二九日）から二カ月あまり後、ソ連邦国連代表アンドレイ・ヴィシンスキーは第四回国連総会で次のように釈明に努めた。

われわれがソ連邦で原子力を利用するのは、原子爆弾の蓄えを増やすためではない。……われわれは、われわれの経済運営計画に沿って、われわれの経済・経済運営上の利害において原子力を利用しているのである。われわれは原子力を平和的建設の重要課題実現に役立てることにしており、山を砕き、河川の流れを変え、荒野を灌漑《かんがい》し、人間がめったに足を踏み入れたことのない場所でさらに新しい生活の路線を切り拓くために原子力を役立てるのである。（*Вовленко* 1950, p. 5）

ソ連は、一九四六年六月一九日、国連原子力委員会の場で「原爆の製造・使用禁止」を提案し、「原子力兵器の使用、製造、貯蔵の禁止にたいする違反は、人類にたいする最も重大な国際犯罪である」と言い切っていた（前芝　一九五六、六九頁）。この演説は、その同じ国がみずから「最も重大な国際犯罪」を犯したことに対する自己合理化のひとつであった。

この恐ろしい、〝原子力の平和利用〟ならぬ〝原爆の平和利用〟こそ、国際政治の舞台における原子力の平和利用に関する初めての言及となった（第五章で述べるように、その後ソ連では、実際に核爆発を土木事業目的に使用する「産業目的地下核爆発」が一〇〇回以上実施されることになる）。

†アイゼンハワー「アトムズ・フォー・ピース」演説に先んじて

みずから核保有国となりはしたものの、その保有核爆弾・弾頭数に著しい対米格差があった。初の〝民生用〟原子炉開発の見込みが生まれていた一九五二年秋になると、ソ連は、世界のひとびとの核軍拡を憂慮する声を背景に、アメリカを包囲する国際世論形成を目的とした原子力の平和利用キャンペーンを展開する。一九五二年一〇月、スターリン生前最後に開催された全連邦共産党（ボリシェヴィキ）第一九回大会の初日（一〇月五日）、党中央委員会の報告に立ったゲオルギー・マレンコーフ政治局員は、ドワイト・アイゼンハワー米大統領による国連総会議場でのいわゆる「アトムズ・フォー・ピース」演説に一年二カ月以上も先行して、原子力の平和利用を称揚した。

　この期間におけるソヴェト科学のもっとも重要な成果は、原子エネルギーの生産方法の発見である。これによって、わが科学と技術とこの分野におけるアメリカの独占的地位をくつがえし、原子エネルギー生産の秘密と原子兵器の占有を利用して、他国民をどうかつし、脅迫しようとする戦争放火者《ママ》どもに重大な打撃をあたえた。原子エネルギーの生産を実際に、おこなうことができるようになったソヴェト国家は、この新しいエネルギーを平和的目的のため、人民のためにつかうことに深い関心をもっている。（ソヴェト研究者協会　一九五三、一五四頁）

　これを受けて、一九五三年三月、当時ソ連で定期購読者を数多く擁していた科学啓蒙誌『知は力』に化学博士候補A《アー》・セレーギンなる人物の手になる論説「平和目的のための原子力」が掲載された。これを皮切りに、国内でも原子力平和利用が宣伝されてゆく。

　原子力平和利用キャンペーンについて言えば、アメリカはソ連にわずかに遅れた。アメリカが原子力平和利用に進むためには政権交代が必要であった。長く続いた民主党政権下、戦時経済体制のために肥大化し、民間の経済活動を圧迫するにいたった国家セクターを縮小し、産業界に活躍の余地を与えようとするリバタリアン政策を掲げた共和党アイゼンハワー候補が一九五二年一一月の大統領選挙で勝利した（土屋 二〇一三、五七〜六一頁）。

彼が大統領に就任してまもなく、一九五三年三月五日にはスターリンが亡くなり、この年の七月二七日には朝鮮戦争も休戦にいたった。この緊張のなかのわずかな間隙をとらえて、彼は国連総会の場で、「わが国は、破壊ではなく、建設をしたいと願っている。国々の間の戦争ではなく、合意を願っている……この兵器を兵士の手から取り上げるだけでは充分でない。軍事の覆いをはぎとり、平和の技術に適合させるための方法を知る人々の手に渡されなければならない……」と、原子力平和利用へ、新しい方向の開拓を宣言した。

†核兵器と放射線の恐怖

しかし、アイゼンハワー政権は、そのわずか四カ月後、対米国際世論を著しく悪化させる事態に遭遇する。ビキニ事件（第二、三章）である。そもそも水爆における核物質の物理的ふるまいの理論予測がたいへん困難で、多数の実験データを必要としていた上に、実戦配備に向けた水爆小型化の努力が重なり、アメリカは太平洋地帯で水爆実験を繰り返すことになった。これがビキニ事件を、ひいては世界規模での放射性降下物問題（「グローバル・フォールアウト問題」）を惹起《じゃっき》することになった（高橋 二〇〇八、一五一〜一九一頁、Higuchi 2020, pp. 16-60）。

〝マッカーシズム〟の嵐のさなかに生起したビキニ事件について、ニューヨーク・タイムズ紙は「反米分子、ある種の大学教授、センセーショナルなトーキョーの新聞によって広げられている人々を恐れさせる物語……」（Hamblin et. al. 2015, p. 40）と論評したが、日本では、読売新聞が第五福竜丸被曝の事実をスクープしたことを契機に、市民の間に核軍拡と核実験がもたらす放射線への恐怖が広がり、早くも五月一三日には東京都杉並区で水爆禁止署名運動杉並協議会が結成され、以降原水爆禁止運動が急速に広がっていった。長い占領が終わり、それまで占領者＝連合国軍最高司令官総司令部（ＧＨＱ／ＳＣＡＰ）による検閲（プレス・コード）によって伏せられていた広島、長崎の惨状がようやく知られるようになっていた時期でもあった。

世界的に著名な倫理学者バートランド・ラッセルはビキニで使われた爆弾（核分裂（Fission）を起爆剤として引き起こされる核融合（Fusion）によって生まれる膨大な数の中性子を用いてウラン238を核分裂（Fission）させることで破壊力を強化した爆弾。〝3Ｆ爆弾〟と称される）に関する情報を得ると危機感を深め、アルバート・アインシュタインに協力を要請、ふたりの名を冠した「ラッセル＝アインシュタイン宣言」を起草し、世界のひとびとに「人類」の立場からその滅亡につながる原水爆を拒否することを訴えた。世界第一級の科学者多数に支持されたその宣言は、一九五五年七月九日に発表された。アインシュタインはその直後に亡くなるので、この宣言は彼の人類に対する〝遺言〟となった。

ひとびとがおもに恐怖したのは、目に見えず、匂いもなければ、触感もほぼない、原水爆実験により発散される放射線の人体への影響であった。核の脅威が増大するなか、原子力平和利用の理念は原水爆のオルタナティヴとしてさらに期待を集めてゆく。

2　オブニンスク原子力発電所

†AM装置――〝陸に上がった〟潜水艦用原子炉

原子力潜水艦の推進機関用に構想されながら、設計開始直後に当初の目的を失った小型の黒鉛炉〝AM《アーエム》装置〟についてはすでに第二章で述べた。AM装置開発当事者はただちに方向を転換（あるいは自分たちの不始末を糊塗《こと》）、装置の開発目的は原子力の平和利用に切り替えられた。一九五〇年三月二八日付で、中将・内務官僚で第一総管理部筆頭次官だったザヴェニャーギンと第一総管理部科学技術協議会学術書記のボリス・ポズドニャコフは連名

図4-1　オブニンスク原子力発電所・原子炉建屋

で第一総管理部にたいし、「国民経済への原子力利用計画」の策定を進言する。この提案は政府の受け入れるところとなり、五月一六日、「平和目的の原子力利用に関する科学研究、設計・実験活動について」と題された政府布告、および七月八日付のその補足によって、ソ連版〝平和のための原子〟計画は具体化されてゆくことになる。ここでは、平和の語は関係者の言い訳に使われたにすぎない。

なお、A《アー》M《エム》装置の〝AM〟を「原子、平和の（Атом мирный）」、ないし「海の原子（Атом моря）」の頭文字とする見方があるが、後知恵にすぎない（前者は語順が逆である）。ドレジャーリ率いる設計事務所の設計による原子炉にはAのうしろにもうひとつアルファベットを加えた二字をコードネームとしており、AMはそうしたもののひとつにすぎない。

AM装置は直径三メートル、高さ四・六メートルの黒鉛ブロックに、一辺一二〇ミリメートルの正三角形をなすように配置された直径六五ミリの穴を計一五七カ所、垂直に穿ち、そこに水冷却系を装備した燃料棒を挿入する形式の炉で、少なくとも二七・七キログラムのウラン235を含む五％濃縮ウラン燃料五五〇キログラムを装荷《そうか》した。一九五四年六月二七日に臨界に達したものの、この原子炉がフル稼働するのは、ようやく一九六〇年のことである。熱出力三〇メガワットに対して電気出力五メガワットにすぎないこの炉は、発電用としては実用の域に達しているとはいえず、むしろ一種の実験施設であった。

　ウランと黒鉛の〝腫れ〟に悩まされたA《アー》炉の例に懲りて、冷却を厳重にするために二次冷却回路を設けた構造そのものが熱効率を引き下げていたし、ステンレス・スチールにホウ素カーバイドを充たした制御棒は耐熱性が低いため制御棒内にも冷却水を注入しなければならなかった。この冷却水がなければ、気密性の低さから制御棒内の中性子吸収材とチューブの隙間に空気が入り、高熱によって熱膨張を起こし、制御棒はダメージをうけていたとされる。状況は燃料棒についても同様であり、原子炉は過剰に冷却される傾向にあった。こうまでしてでも燃料管の気密性維持には細心の注意がはらわれる必要があったにもかかわらず、この原子炉は一九五九年には燃料管破断事故を起こしている。

†押し寄せる見学者たち

　それでも、オブニンスク原子力発電所の原子炉が一九五四年六月二七日に臨界に達すると、世界初の商用原子力発電所として国内外の耳目を集めることとなる。最初の一〇年間に同発電所を訪問した人は約三万九〇〇〇人、うち外国人は西側諸国からの見学者含め六

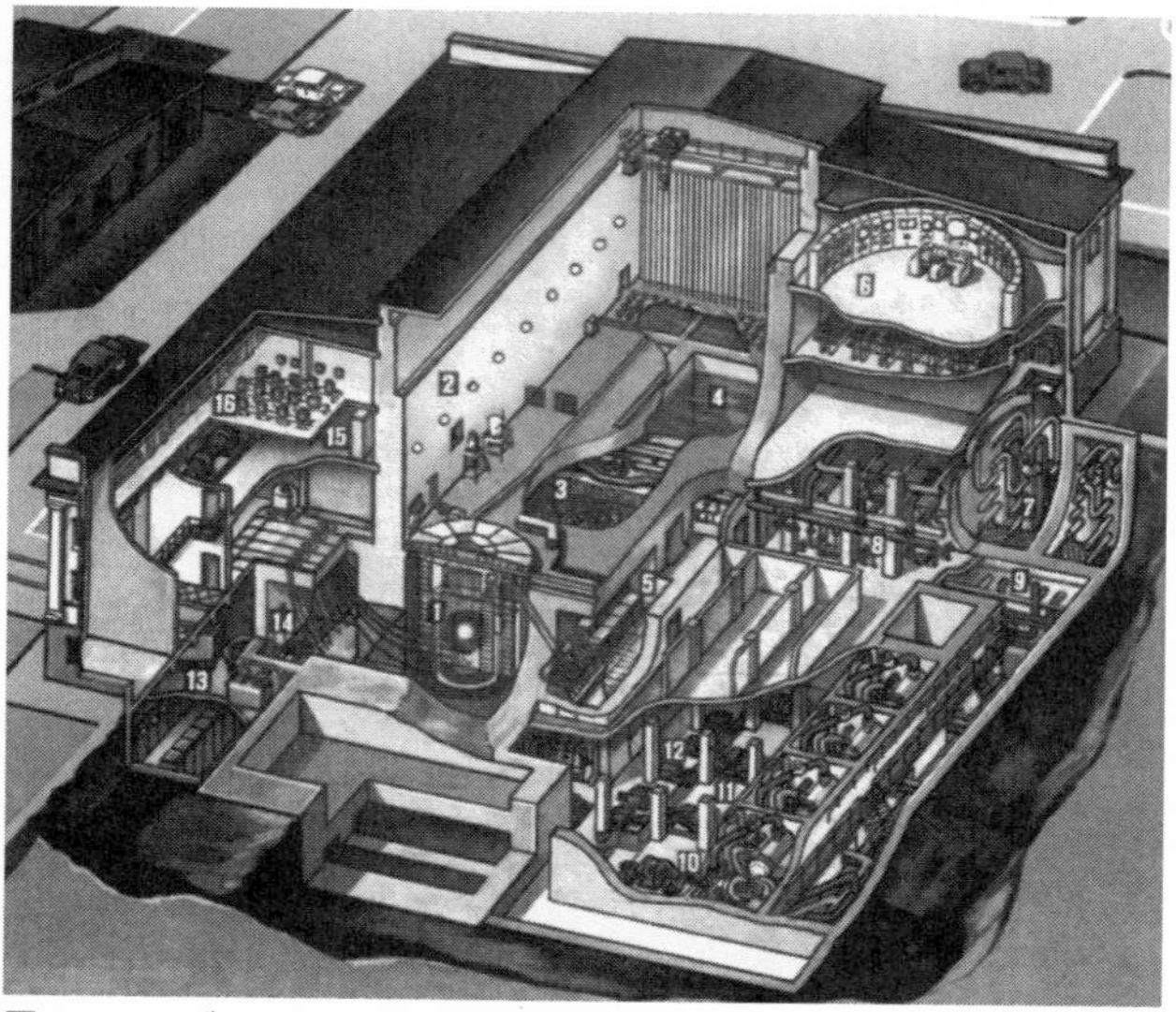

図 4-2　オブニンスク原発の構成（1. AM装置　2. 中央ホール　3. 制御棒用のサーボ機構　4. 貯蔵プール　5. 一次冷却系の給・配水機構　6. 中央制御盤　7. 蒸気発生器　8. 一次冷却系バルブ駆動装置　9. 一次冷却系連絡通路　10. 循環ポンプ　11. ポンプ駆動ステーション　12. 一次冷却系補給ポンプ　13. 物理学実験室　14. 同位体元素製造実験室　15. 直流配電盤　16. 蓄電器）

五カ国約七二〇〇人に達した。〝鉄のカーテン〟の向こう側への渡航が著しく制限され、入国しても旅行に種々の制約が付きまとっていた当時としては珍しい数である。

見学者のなかにアジアの政治指導者が少なからず含まれていたことに注意したい。独立インド初代の首相ネルーはその娘インディラ（ガンディー。のち首相となる）とともに一九五五年に、インドネシア大統領スカルノは一

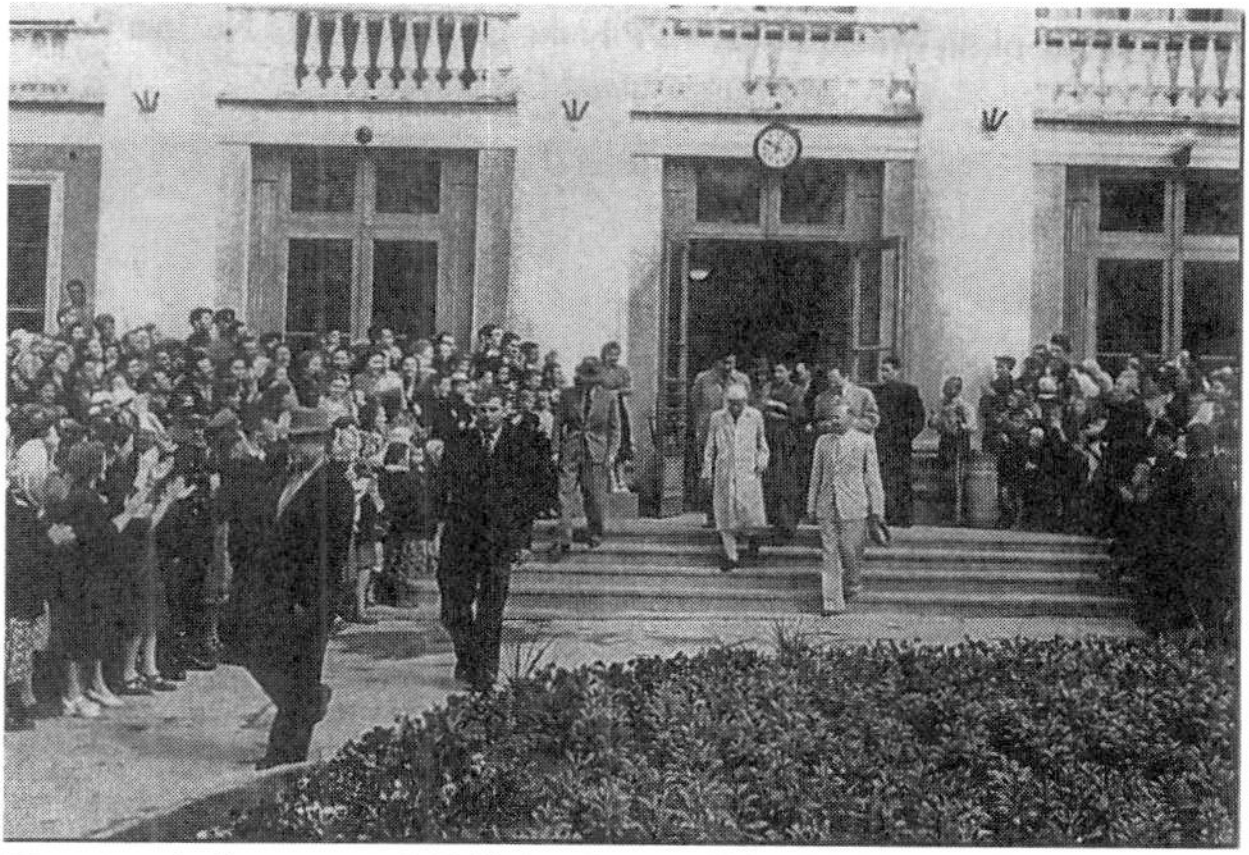

図4-3　オブニンスクを見学するネルー首相（中央、白帽・白い長衣の人物。その右は娘のインディラ。さらにその右、明るい色のスーツの男性はオブニンスクの学術指導者ドミートリー・ブロヒンツェフ）

九五六年にオブニンスクを訪問し、それぞれソ連における原子力平和利用を絶賛した。さらに、ヴェトナム民主共和国国家主席ホー・チ・ミン、朝鮮民主主義人民共和国首相キム・イルソンらが彼らに続いた。

現代アメリカの政治学者マシュー・ジョーンズによれば、アメリカが原子爆弾をドイツではなく日本に投下したこと（ドイツの敗戦に間に合わなかっただけであるが……）、太平洋地帯で核実験を繰り返したこと、要するに核兵器が一度も白色人種（コーカソイド）に刃を向けたことのない事実をもって、ネルーや毛沢東など、アジア諸国の指導者のなかには、アメリカの核戦略に人種主義的な傾向を感じ取り、これを脅威に感じ、強く反発する傾向が強かったと言う(Jones 2010, p. 18, p. 19, pp. 450–456)。ソ連の〝同盟国〟のリーダーはもちろん、ネルーやスカルノなどもアメリカからの〝距離〟を演出するために、ソ連による原子力平和利用を歓迎した。

3 国連第一回原子力平和利用国際会議

†〝前哨戦〟――ソ連邦科学アカデミー「原子力平和利用会議」

一九五三年三月のスターリン死後の束の間の冷戦の緩みを背景に、ソヴィエト科学者の国際的なつながりは急速に回復され、拡大していった。一九五三年に科学アカデミーの管掌下で代表団の一員として、あるいは個人として外国を訪れた科学者は全部で一一四名であったのに対して、五四年は一七五名、五五年には四八一名に増えていった。一九五三年から五五年の間に科学アカデミーの招待でソ連を訪れた外国人科学者は九三名から三六二名に、約四倍加した。科学者にとって、オブニンスク原発操業開始はこのようなエキサイティングな状況下でのできごとであった。また、国際的にも原子力平和利用への期待が高まるなか、五五年八月にはジュネーヴで国連第一回原子力平和利用国際会議が開催されることが決まっていた。

ジュネーヴ会議の直前、一九五五年七月一日から五日、ソ連邦科学アカデミーは、モスクワでみずからが主催して「原子力平和利用会議（セッション）」を開催することにした。開催の決定、招待状の発送が遅れ、招待者のほとんどが準備時間の不足を理由に参加を辞退した。そうした辞退者のなかにはパトリック・ブラケット、ジョン・コッククロフト、ニールス・ボーアとその息子オーゲ、ヴェルナー・ハイゼンベルク、チャンドラセカル・ヴェンカタ・ラマン、ロバート・オッペンハイマー、ハロルド・ユーリー、アーネスト・ローレンス、フランシス・ペラン、坂田昌一、湯川秀樹などもいた。

主催者は参加者からソヴィエト科学の成果に対する称賛の声が挙がることを期待していたが、そもそも原子力平和利用に無関心で、しばしばコントロールが利かないゲストの行動に悩まされることになった。また、終了後の七月六日、バスによるオブニンスク原発への現地見学会では、のち国際原子力機関（IAEA）の事務総長を二〇年にわたり務めるスウェーデンのシグヴァルド・エクルンドなどおもに北欧からの参加者たちがじつに熱心にメモを取り、質問をする姿が目撃された。その夜、彼らは宿舎で徹夜の会合を密かに開いた。海外からのゲストの接遇を担当していたソ連邦科学アカデミー外国課は、資本主義諸国からやってきた外国人科学者のうち、多くが北欧からの参加者から成り、エクルンドが率いている特定のグループがモスクワでの原子力平和利用会議とオブニンスク原発見学を通じて獲得することができた情報の一切を収集・処理していたと考えるほうが合理的だと判断した。

国際学術会議など科学活動の国際化の舞台で最先端の技術的成果を誇示することは、参加者の称賛を集めるとともに、おうおうにして、ライヴァルの〝手の内〟を知る科学諜報活動の対象ともなった。歴史家ジョン・クリッジは、この意味で国際学術会議を〝パノプティコン〟(全方位監視施設)と呼んだ(Krige 2006, p. 167)。

†ジュネーヴにて――〝ソヴィエト・サイエンティスツ・ミート・アメリカン・サイエンス〟

国連第一回原子力平和利用国際会議は、七三カ国から約一四〇〇名の代表を集めて、スイスのジュネーヴで一九五五年八月八日から二〇日まで開催された。正規に登録された代表のほか、オブザーヴァー約一五〇〇名も会議に参加した。この会議を取材するため、様々な国から計九〇〇名以上のジャーナリストが派遣された。会議は、放射線の人体への影響をめぐって、これを深刻に見るアンゲリーナ・グシコーヴァやアンドレイ・レベジンスキーらソ連側の研究者と楽観視する英米の研究者の間に緊張したやりとりがあったものの、全体としては米ソともに原子力の輝かしい未来を称賛し、確信させるものであった。

ソ連から参加した科学者たちはジュネーヴ会議で講演と映画の上映をおこない、〝嵐のような拍手〟を浴びた。オブニンスクの学術指導者ドミトリー・ブロヒンツェフは帰国後、ソ連邦科学アカデミー幹部会でその成果を誇らしげに報告している。

国際会議へのソヴィエト代表団は核エネルギーの平和目的利用の分野におけるソヴィエト科学・技術の着実な進歩と成果を、確信をもって示すことができた。……会議で発表されたソ連からの報告の高度な科学的水準、核エネルギー平和利用の目的で他の国の科学者と経験を分かち合おうとする姿勢、会議を通じて得られたソヴィエト科学者と他の国々の科学者との個人的な接触は、ソヴィエト科学のプレステージを高め、ソ連邦の権威を高めることに役立った。(Архив РАН Ф. 2, Оп. 6, Д. 201, лл. 9–10)

しかしながら、中華人民共和国、ドイツ民主共和国の科学者、およびフレデリック・ジョリオ＝キュリーなど〝左翼科学者〟を排除したジュネーヴの会議で、錚々《そうそう》たる科学者からなるアメリカの代表団は、アメリカ原子力委員長のルイス・ストローズや八名の上院議員をともない、圧倒的な報告件数(一七〇件)、展示パヴィリオンのホールに設置された一〇メガワット級実験用均質炉(硝酸ウラニルなど核分裂性物質の塩を水に溶かして燃料とする原子炉で、核燃料が減速材兼冷却材の水と均質に混じっているためこう呼ばれる）の実演（皮肉にも、彼らはソ連の科学者パーヴェル・チェレンコフが一九三四年に発見した「チェレンコフ効果」、すなわち核反応によって加速された電子などの荷電粒子が物質中の光の伝播速度を超える速度で通過するときに光を発する現象を披露していた）、その他の印象的な展示によって、ソ連その他の国々を圧倒した。クリッジは、「ジュネーヴでのアメリカの原子炉の展示はマーケッティングの傑作であった」と評している（Krige 2006, p. 175）。そこにはモスクワにおけるエクルンドらの観察が活かされていたに違いない。

†「アメリカは原子力発電に関心がない」!?

ソヴィエトの科学者との対話のなかで、あるアメリカの科学者は自国の低廉・豊富な石炭資源ゆえに、「原子力発電には関心がない」と表明した。こうして、世界初の原子力発電所を建設したソ連の努力は、いくぶんか〝肩すかし〟を食ったのである。

しかし、「原子力発電には関心がない」というアメリカの科学者の発言は、一種の〝強がり〟、あるいは事実の隠蔽《いんぺい》であった。この時期アメリカの軽水炉開発は、微濃縮ウラン入手の困難、必要濃縮度の炉物理計算の困難などの諸問題に直面しており、容易には展望が見つけにくい状況にあった。アメリカで最初の民間用原子力プラントとするべく、ウェスティングハウス社が設計・開発した加圧水型軽水炉、シッピングポート炉が臨界に達したのは、ようやく一九五七年一二月二日で、計画出力に達したのはその二一日後のことであった。初の実用沸騰水型原子炉はヴァレシトス炉とされているが、この炉が臨界に達したのは、その少し前、一九五七年の八月三日であった。この炉は同年一〇月二四日に電力網に電力を供給し始めたが、その出力は低く、基本的には実験炉であった。つまり、加圧水型、沸騰水型のいずれにせよ、軽水炉による原子力発電設備から電力網に電気が供給されたのは、早くとも一九五七年の秋以降、米アイゼンハワー大統領による「アトムズ・フォー・ピース」演説のほぼ四年近く後ということになる（コリアー 一九八六、二七七〜三〇一頁）。

†ソヴィエト科学者の〝反省会〟

ソ連邦科学アカデミー幹部会はブロヒンツェフらの帰国後、その報告を聴取し、ジュネーヴ会議参加の成果を総括する会議を開催した。結果、幹部会は次のように述べて、自国の敗北を認めざるをえなかった。

会議は核エネルギー平和利用の多くの分野における研究、とくに、実験研究がアメリカではソ連における以上に幅広くおこなわれていることを示した。新しい炉型の実験炉、高エネルギー・高電圧粒子加速器、産業、農業、生物学、医学における新しい素材と放射線の開発と創製もそうである。(Архив РАН Ф. 2, Оп. 6, Д. 201, л. 138)

これに賛同して、物理化学者ヴィクトル・コンドラチェフは、「アメリカでは平和目的での原子力の応用はより幅広く進められており、仕事はより早いテンポでなされているということがここ〔幹部会への報告〕には公正に示されています。この面でのわれわれの後進性の理由のひとつは国の産業の側からの科学への援助が相対的に少ないことにあります」と述べた。金属工学者アレクサンドル・サマーリンは、「アカデミー会員コンドラチェフ氏の指摘を別の面で続けたいと思います。……これら〔ジュネーヴ会議でのソ連側からの成果発表〕は上陸部隊〔先頭を切って進むグループ〕、つまりとても質の高い科学者の、小さなグループによってなされた報告です。核エネルギーの平和利用に関する研究が発展する余地は、わたしの意見では、アメリカよりわが国のほうがより大きいと思います」とコンドラチェフの指摘を和らげた(Архив РАН Ф. 2, Оп. 6, Д. 201, лл. 138–140)。

第五章

原子力発電の夢

——経済停滞とエネルギー危機のなかで

ザポロージェ原発建設計画（1969年、写真提供：Ullstein bild／アフロ）

1　黒鉛チャンネル炉

†ベロヤルスク原発一号炉

ソ連独自の炉型、いわゆる黒鉛チャンネル炉の警告を無視した大型化、軽水炉開発の遅れとその大型化、高速中性子炉や核融合炉開発の〝夢〟――一九六〇年代後半から一九八〇年代にかけて、ソ連政府は核の科学者、原子力工業の幹部たちの協力を得て、原子力発電の発展を強力に推進した。

一九五八年から建設がはじまり、一九六三年九月三日に臨界に達したベロヤルスク原発一号炉は、はじめて本格的な原子力発電を想定して開発された原子炉であった。この炉は、円筒形に成形された巨大な黒鉛の土台に計九九八の穴を垂直に穿ち、そのそれぞれに低濃縮ウラン燃料を装塡した燃料管とその周囲に一五〇気圧に加圧された冷却水を循環させる冷却水管を一体的に装備した作業チャンネルと呼ばれる管をクレーンで上から挿入し、炉の核分裂連鎖反応による熱で七三〇本のチャンネル内に約三四〇度の水‐水蒸気混合体を発生させ、残り二六八本のチャンネルでそれをさらに五〇〇～五一〇度まで過熱する仕組みの炉で、その熱出力は二八五メガワット、電気出力一〇〇メガワットであった。

減速材を欠いているものの、そのひとつひとつが原子炉とも言える作業チャンネルの数を大幅に増やし、二次冷却系を設けず、炉内で直接蒸気を過熱する方式を採ったことで、ベロヤルスク原発一号炉はオブニンスク原発の原子炉AM《アーエム》装置の出力をはるかに超える出力を有する実用的な原子炉となった。ソ連独自の炉型、いわゆる黒鉛チャンネル炉（ソ連では「チャンネル型大出力炉」、通常そのイニシャルをとって、《РБМК《エルベーエムカー》》と呼ばれる）の本格登場である。ベロヤルスク原発一号炉は一九六四年四月二六日から電力網に電気を供給した。

図5-1　ベロヤルスク1号炉の建設風景（作業員の足下にある黒鉛の土台に縦に穿たれた穴に作業チャンネルを挿入している）

黒鉛の土台の耐熱性を高め、かつ、数が多く、ひとつひとつが長い冷却水管の機密性を維持するなど、スケールアップのためのさまざまな技術的課題を克服する必要があったが、もっとも懸念されたのが、構造上、

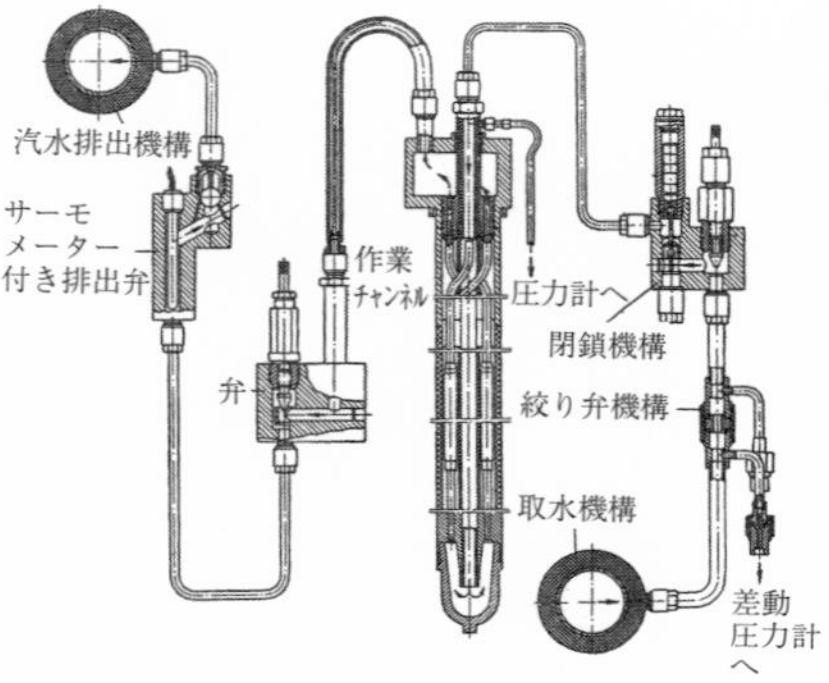

図5-2　作業チャンネルの構造

一部の作業チャンネルに高温と放射線のために近寄ることができず、修理が不可能となるケースであった。事実、一九六八年一月には、冷却水の漏れから全冷却系を停止させるという事態が起こっている。

†ジェジェルン博士の警告

ベロヤルスク原発一号炉の〝成功〟の後、一九六五年から、ソ連最初の実験炉Φ《エフ》－1の立ち上げにも参加した高名な原子炉工学者イヴァン・ジェジェルンは関係諸機関にたいし、この炉型の危険性を指摘し、その使用をやめるよう警告を繰り返した。彼の警告については、ソ連末期のペレストロイカ期に公表されるまで公にはされなかった。しかし、原子力産業に関係する科学者、技術者には密かに伝わっていた（メドヴェジェフ 一九九二、二八六頁、二八七頁）。

彼は、汽水混合体を冷却材に利用するこの炉では、なんらかの理由で蒸気量が増えると水への中性子の吸収が減り、核分裂反応が促進されるという「正のボイド反応度係数」のため暴走の危険性があること、故障があっても高熱と放射能に阻まれて修理できない箇所があること（先述のようにこの点はベロヤルスク原発の幹部も心配していた）、そして、水循環をマクロでコントロールできないことを、この炉型の致命的な欠陥と指摘した。この警告は、やがて、チェルノブィリ原発事故という最悪のかたちで現実のものとなる。

†《РБМК-1000》型

石油、石炭、天然ガスの値段が安いソ連で、原子力発電がはじめて〝経済性の壁〟を越えたのは一九七三年一二月二一日に臨界に達したレニングラード原子力発電所においてであった。その原子炉の出力は、翌年の一一月一日、ついに計画出力の一〇〇〇メガワットに達した。レニングラード原発は黒鉛チャンネル炉を採用していたが、炉は著しく大型化され、一基あたり電気出力はベロヤルスク一号炉のそれの一〇倍、一〇〇〇メガワットに達した。黒鉛の土台には一六九三本の縦穴が穿たれ、そのそれぞれに、直径一三・六ミリメートルの燃料ブロック一八本からなる、長さ三・五メートルの特殊合金で被覆された燃料管を中心にその周りに冷却水管を巡らせた作業チャンネルが装塡される構造であった。炉全体は巨大なコンクリート製のシャフトに埋め込まれた。

開発にあたっては、耐熱性・気密性を高めるための特殊合金、すなわち、ジルコニウム

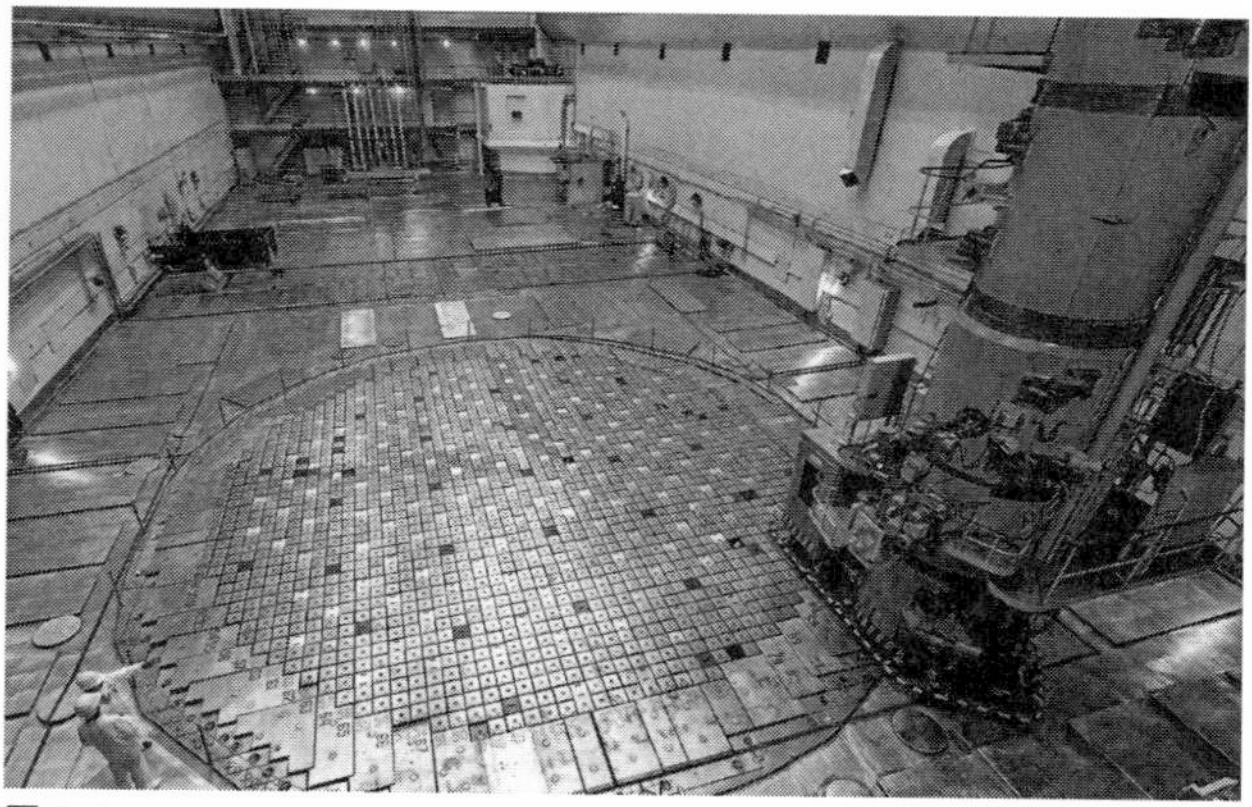

図 5-3　クルスク原発РБМК－1000の上部（手前が炉頂。右手前のクレーンで作業チャンネルを挿入し、巻き揚げる）

ーニオブ合金の利用、水ー水蒸気混合体でも冷却能を発揮できる作業チャンネルの構造、効率的な制御のための内部センサーとコンピューターの利用が進められた。しかし、ジェジェルンの指摘した「正のボイド反応度係数」のリスクが拭われたわけではない。また、黒鉛を構造材として、特別の格納容器を要しないこの炉型は、何百トンもの鋼材を節約したが、このことがチェルノブィリ原発事故で被害を大きくしたことは、今日広く知られている。

†その普及

この大規模な黒鉛チャンネル炉《РБМК《エルベーエムカー》ー1000》型は、深刻な問題を抱えるエネルギー事情（後述）のなかで、相対的に安価な火力発電に伍《ご》してゆくことができるものとして注目され、レニングラードに続いて、クルスク、チェルノブィリ、スモレンスクなどにこれを三〜四基備えた原子力発電所が次々と建設されていった。極めつきは一九七四年に操業を開始したのち、一九八五年にスケールアップによって出力一五〇〇メガワットに達したイグナリーナ原子力発電所（リトアニア）の一号炉である。他方、出力が小さいベロヤルスク原発の一号炉と二号炉は、その歴史的役割を終え、それぞれ一九八三年、一九九〇年に運転を停止した（藤井 二〇〇一、三九、四二、四五頁）。

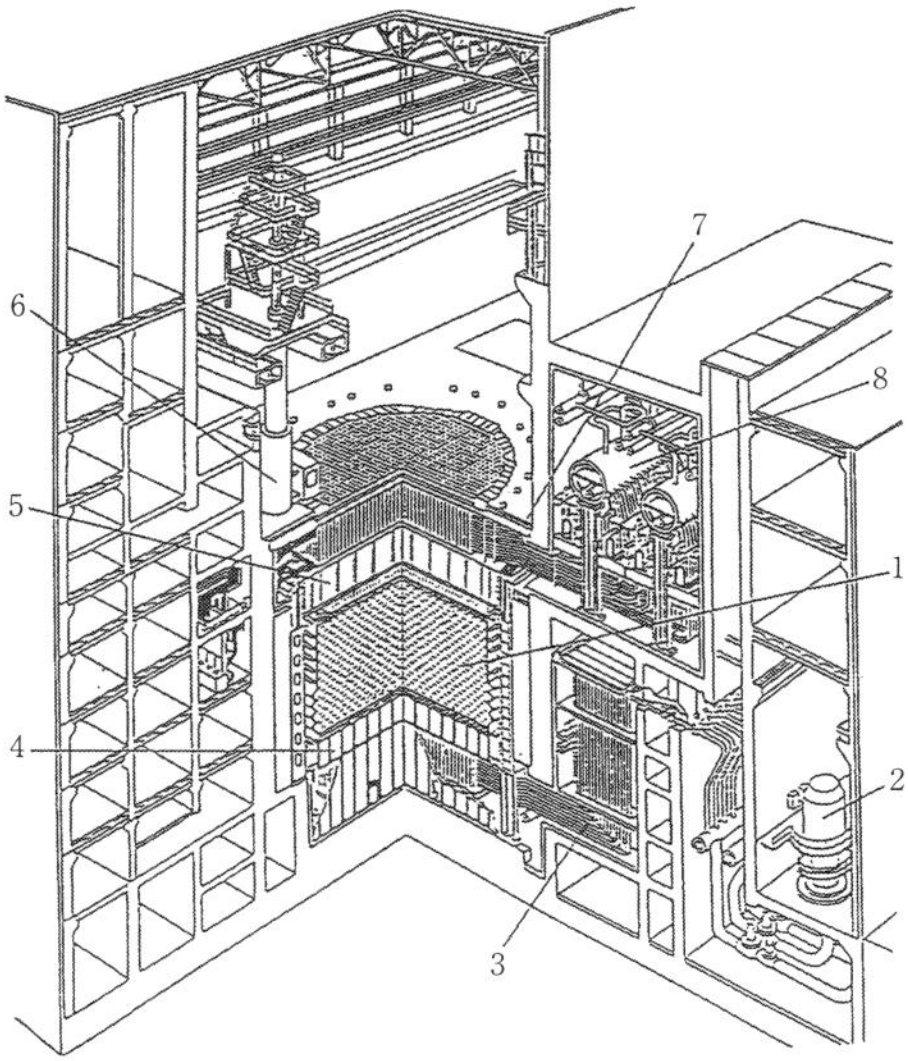

図 5-4　РБМК－1000 の構成（1. 炉心　2. 主循環ポンプ　3. 給水導管　4. 下部支柱プレート　5. 防護天蓋　6. クレーン　7. 汽水導管　8. 汽水分離ドラム）

　こうした大型化と並んで、設置目的の多様化も進んでいた。極北のビリビノではかなり早く、一九七三年一二月には、三次冷却系をもち、電力とともに熱（温水）も供給できる小出力（一二メガワット）黒鉛炉を四基そなえたビリビノ熱供給＝原子力発電所の一号炉が運転を開始している。

黒鉛チャンネル炉が広く普及したのは、その出力の大きさ、コストの相対的な安さだけでなく、格納容器が不要で、燃料交換がしやすく、作業チャンネルが蒸気発生にも蒸気過熱にも使えて必要な熱量を得やすく、容積に占める水の割合が小さいので核分裂反応に水が及ぼす影響を相対的に低く抑えられ、黒鉛の土台の大型化とチャンネルの増設によって容易にスケールアップが可能であったことも利点となった。なにより、次に述べる軽水炉開発・製造の遅滞が、黒鉛チャンネル炉の〝信頼性〟を相対的に高めることとなった。一九八〇年、ソ連の原子力発電に占める黒鉛チャンネル炉の割合は六六％、それにたいして軽水炉の占める割合は二七％であった（藤井 二〇〇一、四三頁）。

しかし、ソ連最高の核開発研究拠点、イーゴリ・クルチャートフ名称原子力研究所（現・全ロ研究センター「クルチャートフ研究所」）の第一副所長であったヴァレリー・レガーソフによれば、黒鉛チャンネル炉は「原子炉専門家の間では出来の悪いものとみなされていた」（*Легасов* 1988, p.3）。たとえ発電単価がある程度経済的であっても、巨大黒鉛炉の建設・運転に多額の費用を要しないわけではない。黒鉛チャンネル炉は燃料、黒鉛、ジルコニウム、水を大量に消費し、そのトータルな経済性を損なっていたのである。また、緊急時防護システムの不完全さも問題であった。さらに、「頻繁に発生する最重要なパイプからの漏洩、黒鉛チャンネル炉の作業チャンネルから外につながるゲート弁の作動不調――こうしたことが毎年起こっていた」のであった（*Легасов* 1988, p. 8）。

2　発電所用軽水炉開発

†ノヴォ＝ヴォロネジ原発一号炉

軽水炉を用いたソ連初の商用原子力発電所はノヴォ＝ヴォロネジ原子力発電所である。その一号炉は、初の実用黒鉛チャンネル炉、ベロヤルスク一号炉製造開始年の一九五八年にはすでに建設中とされていたが、完成し、電力を供給し始めるのは、ベロヤルスク一号炉に約一年遅れた一九六四年九月三〇日のことであった。しかも、計画出力四二〇メガワットのところ、同年一二月にようやく二一〇メガワットに達したものの、一九六七年一月に断続的に二四〇メガワットを実現したのが出力の最高であった。このため、電力原価も逓減《ていげん》しつつあったものの、相対的に高いレヴェル（一九六五年に一・二四コペイカ、一九六九年には〇・九コペイカ。一ルーブリは一〇〇コペイカ。一ルーブリは当時の固定相場で四〇〇円）に留まっていた。

ノヴォ＝ヴォロネジ一号炉は加圧水型に属する。軽水炉において、水は核分裂によって生じる中性子の速度（エネルギー）を制御することで連鎖反応を促進する減速材と、炉で生じる熱を運ぶ冷却材のふたつの役割を兼ねているが、水の加熱によって生じる蒸気の気泡は充分な冷却能を持っていない。蒸気の発生を抑えるため、あらかじめ水を加圧して沸点を高めておくタイプの軽水炉を加圧水型と呼ぶ。ノヴォ＝ヴォロネジ一号炉は一次冷却水（兼減速材）として一〇〇気圧に加圧した蒸留水を毎時二万七三〇〇立方メートル必要としていたが、大量の純水を供給する仕組みづくりに手間取ったらしく、一九七九年になっても純水の安定供給を危惧する声があった。

商用軽水炉開発の初期における不首尾は、専門家の間での軽水炉評価の低さ、ないし不信につながっていった。その他、軽水炉の〝弱点〟として論じられたのは、以下の二点であった。

軽水炉は燃料交換時に炉の完全停止を要求する。ノヴォ＝ヴォロネジ一号炉の最初の燃料交換は一九六五年の一〇月二九日から一二月一三日までを要した。ノヴォ＝ヴォロネジの技術者たちはその後燃料交換手順の合理化・高速化に挑み、一九六八年五月から六月の第四回燃料交換を二九昼夜で完了しているが、作業チャンネルを随時交換し、炉自身は継続使用が可能な黒鉛チャンネル炉に比べると、そもそも燃料交換時に完全停止が必要なこと自体が相対的に不利であった。

ふたつ目は、二次冷却水回路をもつ加圧水型軽水炉の熱効率の悪さである。この〝弱点〟を克服すべく、進められたのが沸騰水型軽水炉の開発であった。

加圧水型軽水炉は、次に述べる暴走の危険性のほか、一次冷却水系が高圧状態にあるため原子炉壁の脆化《ぜいか》が起こりやすく、二次系の蒸気発生にともなう振動、熱的なひずみ等から蒸気発生器には非常な無理がかかっていて、損傷の進み方が激しいことが弱点とされる。しかし、ソ連では、こうした問題はほとんど顧みられず、もっぱら〝効率性〟の観点から軽水炉の〝弱点〟が論じられていたことが特徴的であった。

†沸騰水型軽水炉開発の蹉跌

〝効率性〟を第一義的に追求するソ連の原子力発電当局者の姿勢とも関連して興味深いのは、ソ連の場合、加圧水型軽水炉の限界、沸騰水型軽水炉開発の必要に関する説明がもっぱら経済的（効率性）要因に帰せられていることである。

アメリカでは早くから加圧水型軽水炉の〝危険性〟が指摘され、相対的に〝安全な〟沸騰水型軽水炉の開発が要請されていた。加圧水型軽水炉の場合、一次冷却水の水圧低下で冷却能が失われても減速能はパラレルに失われるわけではなく、そこに暴走の危険性があり、実際、一九七九年三月二三日に発生したスリーマイル島事故では、冷却水循環が不全に陥ったことで、炉心が過熱され、炉心溶融（メルトダウン）を引き起こすという大事故につながった。この点、冷却能と減速能がパラレルに変動する非加圧水を冷却材兼減速材に利用する沸騰水型軽水炉では冷却不全なら中性子減速もできないので、こうした暴走の危険性は大幅に減じる。アメリカでは加圧水型軽水炉の開発当初からその〝危険性〟が論じられていたが、それは、原子力潜水艦が敵からの魚雷攻撃を受け、水循環系に故障が生じる事態を想定した場合の〝危険性〟であり、放射性物質の漏出など、一般に想定される原子炉の危険性とは次元が異なっていた（コリアー 一九八六、二九一、二九二頁）。

沸騰水型軽水炉の開発は、大量の気泡発生をともなう沸騰水で炉心が充分冷却されうるか、熱伝導しうるか、制御棒を使えるか、などの難問をクリアーしなければならなかった。アメリカ（アルゴンヌ国立研究所、マサチューセッツ工科大学とジェネラル・エレクトリック社）は一九五七年八月三日に臨界に達したヴァレシトス炉（民生用実験・実証炉のはずだった）によって、これら難問を辛くも〝克服〟した（コリアー 一九八六、二九〇～二九四頁）。それに対して、ソ連の原子力開発者たちは首尾よく沸騰水型軽水炉を開発することができなかった。

ディミトロフグラードにソ連初の沸騰水型軽水炉（実験炉兼実用炉）が建設されはじめた

のは一九六五年一一月のことであったが、運転開始は一九七四年のことで、しかも、その電気出力は五〇メガワットにすぎなかった。以降、沸騰水型軽水炉が原子力発電所（そして、原子力潜水艦）で実用化されることはなく、ソ連の軽水炉は、若干の実証炉レヴェルのものを除き、加圧水型のみとなった。このため、加圧水型にたいする（軍事的視点からの）相対的安全性をそもそも問題にする現実的な条件は生まれなかったと考えられる。

†《ВВЭР－1000》型

初期開発の不首尾にもかかわらず、否、それゆえにこそ、軽水炉の大型化、効率化は大規模に追求された。中規模炉《ВВЭР《ヴェーヴェーエエル》－４４０》（ВВЭРは「水減速・水冷却エネルギー炉」を意味するロシア語のイニシャル）型はコラ原子力発電所一～四号炉（一九七三～八四年順次運転開始）などに活用され、ソ連国内では、一九九〇年一一月一日段階で計八基が運転を続けていた。

そして、《РБМК《エルベーエムカー》－１０００》に対抗する巨大軽水炉《ВВЭР－１０００》はノヴォ＝ヴォロネジ五号炉に用いられ、一九八〇年五月に運転を開始した。スケールアップに際して、最大の難関となったのは、巨大な原子炉圧力容器の製造であった。圧力容器は、ぎりぎり鉄道輸送が可能となる寸法と重量に収まるべく、硬度の高い軽合金を使って、継目なし鍛造で製造されることが必要であった。最終的に、ノヴォ＝ヴォロネジ五号炉にはクロム－モリブデン－バナジウム鋼製、高さ一一メートル、幅四・五メートルの圧力容器が使われた。大型輸送船による海上（湖上、河川）輸送に自然地理的制約のあるソ連では軽水炉の圧力容器の大きさ、重さに鉄道輸送可能という条件が付く。このような圧力容器製造は技術的にたいへん難しく、一九七四年に始まった最初の《ВВЭР《ヴェーヴェーエル》－１０００》型原子炉製造が大きく遅延する原因となった。圧力容器の製造を担当した「アトムマシ工場」は、一九八三年、業績不振とそこでの事故のため、公式に批判されるにいたった。

それにもかかわらず、《ВВЭР－１０００》は、その電気出力の大きさと効率の良さ（そして、公然とした言及はないものの、《РБМК《エルベーエムカー》》炉にたいする危惧）のゆえに、電力事業当事者に歓迎され、カリーニン原発一号炉、二号炉など、一九九〇年一月一日までの一〇年間に計一六基が製造された。

軽水は減速能（減速材、すなわち、核分裂後に放出される中性子の速度を下げ、連鎖反応させやすくする素材がもつ能力）が低いので、燃料そのものにウランの同位体元素（原子核中の陽子数は同じで、中性子数だけ違っているもの。一般に不安定）で、核分裂連鎖反応を起こすウラン２３５がある程度密に存在している必要がある。このため、ウラン２３５が〇・七二％しか含まれていない天然ウランでも稼働が可能な黒鉛炉と違って、軽水炉には必ず、ウラン２３

５の割合を二〜五％程度（それ以上の場合もある）にまで高めた低濃縮ウランを燃料として用いる。低濃縮ウラン燃料は燃料寿命が長いので、炉内でウラン２３８に中性子が吸収されることで生成されるプルトニウム２３９にさらに中性子が吸収され、同位体元素プルトニウム２４０となる確率が高まる。この、臨界条件を撹乱する〝不純物〟のため、軽水炉

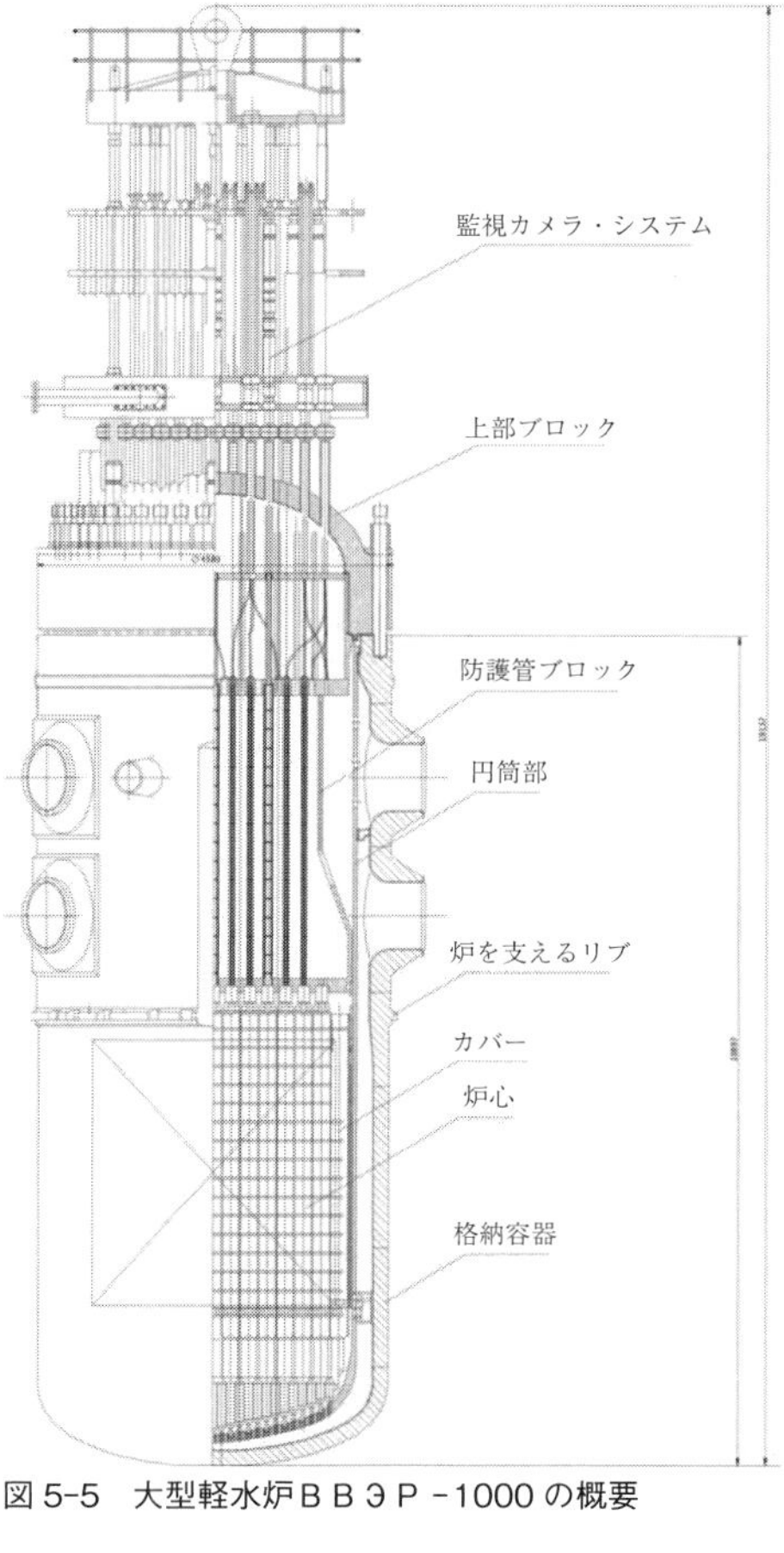

図 5-5　大型軽水炉ＢＢЭＰ－1000の概要

から兵器級のプルトニウムを取り出すことは難しくなる。大型の軽水炉を数多く建設するためには、大量に低濃縮ウランを供給しつつも、兵器級プルトニウム抽出は断念した軽水炉用の核燃料サイクルを新たに創設するか、既存の黒鉛炉（軍民双方）用の核燃料サイクルを拡張してそこに軽水炉用のサイクルを組み入れるか、いずれにせよ、大規模な核燃料サイクルの拡幅・再編が必要であった。これについては、次章で述べよう。

3　高速中性子炉の開発

†〝核エネルギー開発の総路線〟

通常、プルトニウムや高濃縮ウラン（を含む燃料）を燃料とする原子炉を高速中性子炉と呼ぶ。原子爆弾の〝爆薬〟ともなるこれらは核分裂特性が高く、核分裂により生じる中性子の速度（エネルギー）を操作しなくとも、高速中性子のままで核分裂連鎖反応を起こすことができるのでこの名がある。冷却材に水を使用すると中性子を減速してしまうため、液体金属、多くの場合、ナトリウムを冷却材に使う。炉心は相対的に小さくなるが、この点でも、水に比べより高い冷却能をもつ液体金属を冷却材に利用することが合理的となる。

しかし、腐食しやすく、空気と反応して容易に発火し、水と接触して爆発するというナトリウムの化学的性質の扱いにくさなど、その開発には困難な点が多く、多くの国で頓挫した感がある。なお、発電しながら消費した以上の燃料プルトニウムを生成できる、夢の原子炉〝高速増殖炉〟はこの炉型のひとつとして構想されたものであった（わが国の「もんじゅ」はこれをめざした）。

一九六〇年代半ばを過ぎると、アメリカは冷戦下の一時的緊張緩和（デタント）により核弾頭数の増加を抑え、あるいは削減していったが、逆にそれをコンスタントに増加させ続けたソ連でも、原爆用の核分裂性物質プルトニウムや高濃縮ウランのストックに余剰が生じ、それらを燃料とする高速中性子炉の開発がソ連経済建設の重点課題のひとつと見なされるようになった。〝余剰〟核弾頭から抽出した高濃縮ウランやプルトニウムをほぼそのまま利用できる高速中性子炉開発は、一九七〇年代半ばには〝核エネルギー開発の総路線〟とまで位置づけられるようになった。以降、高速中性子炉開発は、膨大な研究資源（人材、機材と資金）を投与される巨大プロジェクトでありつづけた。

それに先立ち、ソ連における高速中性子炉の研究は一九四八年から始められ、一九五四年には最初の実験炉БР《ベーエル》‐1（水銀冷却）が完成し、その後の三年間にБР‐2、БР‐5（ナトリウム冷却）などの実験炉が完成、これらの実験炉によって核燃料の拡大再生産の実践的展望をえるためのデータが蓄積されていった（現在にいたるもそれは達成されていない）。しかし、高速炉開発には困難がつきまとった。五〇〇度を超える高温の液体金属を循環させるための強力なポンプの開発・装備と炉心の遮熱・遮蔽が難しく、しかもしばしば矛盾していた。また、欠陥あるパケット（内容不詳）のために燃料管の気密性がしばしば奪われ、冷却材に核分裂生成物、活性ガスなどが入り込むこともしばしばあった。

図5-6　高速中性子炉＝実験炉БОР－60
（Г・ガジーエフ氏が個人で所蔵する写真）

それでも実用炉の開発をめざした研究が続けられ、まず、一九六五年にはウリヤノフスク州ディミトロフグラードで熱出力六六〇メガワットのБОР《ボル》－60の建設が開始され、一九六八年に完成した。これは、燃料として九〇％濃縮ウランを利用するもので、一次冷却系ナトリウムの温度は五八〇～六〇〇度にまで上昇した。電気出力は一二メガワットであった。燃料にプルトニウムではなく、濃縮ウランを利用したのは、事故が起こった場合、技術者がその扱いに習熟しているウランのほうが対処しやすいからであったともされる（Josephson 2000, p.74）。БОР‐60の設計、その試験運転から得られたデータは、構造的には姉妹炉であったソ連最初の実用炉（試験炉を兼ねる）БН《ベーエヌ》‐350の建設に活かされた。

†シェフチェンコ原発のБН‐350炉

ここで、ソ連初の実用高速炉БН‐350のその後を追ってみよう。БН‐350は一九七二年一一月二九日に臨界に達し、一九七三年七月一六日からカスピ海東岸のシェフチェンコ（現・アクタウ）原子力発電所の原子炉として運転が開始された。しかしながら、この炉はすぐに運転を停止し、のちになってカスピ海の塩水の淡水化をおもな運転目的として利用が再開されている。

本来、核分裂特性の高いプルトニウムや高濃縮ウランを燃料とする高速中性子炉は、一般にその炉心容積が他の原子炉と比べて著しく小さく設定され、そのため燃料交換周期が短い。БН‐350でも、炉心部は高さ一〇六センチメートル、直径一五〇センチメートルにすぎず、ほぼ五〇日ごとに燃料交換が必要であった。

その内部に一〇〇〇メガワットもの熱を生じる、このコンパクトな炉心の冷却には、減速能を持たず、高い冷却能を持つナトリウムが大量に利用される。六本のループ（一本は予備）からなり、総計毎時三二六〇立方メートルのナトリウムが流れる一次冷却系（炉心出口のナトリウム温度は五〇〇度）の熱は、炉心でナトリウムがしばしば放射性のナトリウム24に転換するためにそれを遮蔽《しゃへい》すべく、やはりナトリウムを利用する二次冷却系に伝えられ、それから水を熱媒とする三次冷却系に伝えられる。タービン蒸気温度は四四〇度、蒸気圧は五〇気圧であり、そこから得られる電気出力は三五〇メガワット、淡水化装置を運転する場合には一五〇メガワットであり、その場合の淡水生産能力は一昼夜一二万トンであった。

高速中性子炉につきものの危険は、先述の通り、ナトリウムが水と激しく反応する性質を示すことであり、高温と中性子のために冷却系の機材にしばしば腐食をおこすことである。БН《ベーエヌ》－350でも、運転開始とほぼ同時に蒸気発生器と二次冷却系との一部に微細な亀裂が生じ、ただちに炉は停止されざるをえなくなり、一九七四年から七五年には大きな修理が加えられ、カスピ海の塩水の淡水化（極端にいえば摂氏一〇〇度の熱で足りる）を主目的とするようになったが、その後も二回にわたってナトリウムの漏出事故が生起している。БН－350は世界に先駆けて〝実用化〟された高速中性子炉であったが、一九九〇年には閉鎖が決定、一九九九年廃炉となった。

†現役の高速中性子炉——БН‐600炉とБН‐800炉

БН‐350の建設とベロヤルスク三号炉としてのБН‐600の建設はБОР《ボル》‐60の完成とほぼ同時に計画された。六〇〇メガワット級のベロヤルスク三号炉は一九六八年末に建設が開始されたが、ようやく一九七九年三月にナトリウムを装荷し、運転を開始、一九八〇年に臨界に達し、一九八一年暮れに計画出力の六〇〇メガワットに到達した。ナトリウムを冷却材とする一次と二次、ふたつの冷却系に水を熱媒とする三次冷却系を装備したこの炉は、フランスの「フェニックス炉」の運転停止（二〇〇九年）後、一時世界で唯一の現役高速炉となった。二〇一〇年に改修され、現在二〇四〇年まで運転されつづける見込みである。ただし、燃料にはやはりウランが用いられ、しかもその濃縮度は二一～三三%と中程度の濃縮度（おそらく、減速材が不要となる下限の濃縮度）であった。のち、ウラン‐プルトニウム混合酸化物燃料（いわゆるMOX燃料）が使われるようになったが、いずれにしても、当初期待された高純度の兵器用核分裂性物質（高濃縮ウランやプルトニウム）の燃料としての直接利用（処分）は避けられた。

ソ連解体後の二〇一五年には八〇〇メガワット級のБН‐800がベロヤルスク四号炉として営業運転を開始した。БН‐800は一九八三年に設計が完了し、チェルノブィリ原発事故以前に建設がはじまっていたが、その後の原子力工業の不振、ソ連解体後の経済的混乱のなかで建設が停滞し、ようやくこの年の一一月二五日にはじめて蒸気を生産した。燃料には、やはり、MOX燃料が利用されている。ベロヤルスク原発では、二〇三五年までにもう一基、高速炉БН《ベーエヌ》-1200を設置する計画である。

4　核融合炉へのトライアル

†核融合を〝制御する〟

ソ連初の水爆、РДС《エルデーエス》-6の開発が進んでいた一九五一年、のちにノーベル物理学賞を授与されるイーゴリ・タムとРДС-6のデザイナーでもあったアンドレイ・サハロフはその共著論文のなかで、磁気によって超高温高圧のプラズマ（気体分子が電離し、陽イオンと電子に分かれて運動している物質の状態）を封じ込めることができれば、重水素など軽い元素の核融合を誘発できると主張した。

水爆は、〝起爆装置〟となる原子爆弾から発せられる一瞬の高熱（摂氏一億度もの）によって重水素とトリチウムなどとの核融合を誘発するものであったが、核融合で生じる高エネルギーを平和利用するためには、原爆によらず、ある程度の時間持続する高熱による誘発の仕組みを考え出さなければならなかった。タムらは超高温のプラズマに着目し、高熱による容器・装置の溶融・蒸発を避けるために磁気の力でプラズマを容器から浮かし、かつプラズマの散逸を防ぐ仕組みを提案した。

　重水素など軽い元素による核融合エネルギーの利用については、①ウランに比べ資源的制約が少なく、②核分裂のように連鎖反応しないために暴走の危険がなく、③重い核分裂生成物、したがって、高レヴェル放射性廃棄物はあまり発生せず、さらに、④多くの荷電粒子が生まれるので、直接発電が展望できる、といった、夢のような利点が語られた。

　一九五五年から核融合装置の開発が進められたが、一九六八年、レフ・アルツィモーヴィッチが、T《テー》－3装置（製造されたのは一九六四年）で初めて〝制御された〟核融合を実現した。T－3装置は「トカマク」（Токамак: Тороидальная Камера с Магнитными Катушками の略。磁気コイル付きトロイダル室）型核融合炉（ほかにヘリカル型、レーザー方式などがある）と呼ばれる装置の一種で、ドーナツ型の超高真空容器のトロイダル方向（大円周）とポロイダル方向（断面の円周）に磁場をかけて内部にねじれた磁場を作り、容器中に生じさせた超高温プラズマを封じ込めつつ、その熱エネルギーにより核融合を誘発する仕組みであった（*Петросьянц* 1976, pp. 81-98）。

†核融合研究開発の国際化

「トカマク」装置はソ連の枠を離れて世界に普及し、ソ連（そしてロシア）はこの面での主導権を失ってゆく。技術改良の焦点は、言うまでもなく、プラズマの持続時間であるが、この長期化を競う国際競争が繰り広げられ、ついに、二〇二一年一二月三〇日、中国科学院合肥（地名）物質科学研究院プラズマ物理研究所の「トカマク」型核融合実験装置（「人工太陽」と称された）がプラズマ維持時間一〇五六秒を達成したと報道された。しかし、①プラズマの持続時間はじめ、核融合技術の研究開発は実用段階までまだまだ遠く、②抜群の透過力を持つ大量の中性子線をどう防ぐか、③強力な誘導放射能（機器や建物が中性子により放射化）にどう対処すべきか、④やっかいな放射性物質トリチウムをどのように管理（水素と容易に入れ替わり、かつ核兵器に転用できる）するか、実用までには未解決の問題があまりに多い。

冷戦終結後の二〇〇七年、ロシア、アメリカ、EU、中国、韓国、インド、それに日本の七カ国は、共同事業として、「ITER《イーター》（International Thermonuclear Experimental Reactor の頭文字とされていたが、ラテン語の「道」に由来するともされる。国際熱核融合実験炉）計画」を立ち上げ、「イーター国際核融合エネルギー機構」を設立、フランスのカダラッシュにプラズマ持続時間一〇〇〇〇秒を目標として、実用化の第一歩となる五〇～七〇万キロワット級「トカマク」型核融合炉の建設をめざすことになった。当初、計画の完成年は二〇一九年とされていたが、現在では、相当に先延ばしされている。実用化のめども立たない〃危険なオモチャ〃への巨額の投資を批判する声も大きい。

図 5-7　トカマク - 3

5　ソ連経済の停滞と原発

労働力不足とインフラストラクチャー建設の停滞

警告の声にも耳を傾けず、危険な黒鉛チャンネル炉を大型化し、軽水炉も技術の成熟を見ないまま、これも大型化し、あまつさえ、高速増殖炉や核融合炉といった〃夢〃を追いつつ、ソ連政府が原子力発電の普及を急いだのはなぜであろうか。

戦前の「社会主義工業化」期以来、ソ連

工業生産力の上昇をささえてきた急速な工業労働人口増加率は一九五〇年代後半以降顕著に鈍化した。大戦中の青壮年層の大量喪失や都市化の全般的進行のため、人口増加率は低下し、一九六〇年にはすでに一・七八％という低い水準にあったが、七〇年には〇・九七％、八〇年には〇・八八％と、さらに低下していった。ソ連の工業労働者人口は、戦後の一時期に復員兵士がその最大の源泉となった以外、戦前の「農業集団化」期以降、農村から大量に排出される過剰人口を常に最大の源泉としていたが、ソ連の農業は一九五八年を画期に長い停滞期に入り、そこから、大量の労働可能人口を遊離させ、工業部面に投入する従来型の労働力供給のありかたを継続することはできなくなった。さらに、戦後の東西冷戦のため、就業可能人口の一定の割合を割いて、常備軍兵員にあてなければならなかった。兵員数は、一九五八年には平時としては異常ともいえる五八〇万人にまで膨れ上がってきた。

その後、米ソ間の〝緊張緩和〟(デタント)を背景に、兵力削減が展望されたものの、東ドイツ政府による「ベルリンの壁」建設(一九六一年)に端を発した東西緊張激化、さらに中ソ対立による中ソ国境緊張を迎え、東欧駐留戦力、および長大な中ソ国境線に沿って配備される常備軍兵員数を大胆に削減しようとする政府当局の希望はついえた。このような状況では、石炭輸送のための鉄道建設、石油・天然ガス輸送のためのパイプライン建設に必要な大量の建設労働者を確保することは難しかった。バム（バイカル＝アムール鉄道：Байкало-Амурская магистраль──略称БАМ《バム》）鉄道をはじめとする鉄道線、ガス＝パイプラインの建設は軒並み停滞した。皮肉なことに、遅れていた石油・ガス＝パイプライン建設が進み、その成果が生じるのはソ連解体の後となる。

†深刻なエネルギー事情

一九六〇年から六二年にかけて生産されたエネルギー（カロリー・ベース）の五二・五％が石炭、二六％が石油、九％が天然ガス・随伴ガス、九％が泥炭、三・五％が水力に由来するものであった。しかし、一九七〇年代なかばになると、石油、天然ガス開発の進捗にともない、エネルギー源における石炭の比重は三一％にまで減り、他方、石油は三一％に、ガスは二三％にまで比重を高めた。一九五九年にはじまる「七カ年計画」では、当時価格面で優位にあったガス、石油への燃料転換が政策路線として大規模に進められた。しかしながら、この燃料転換は、一九七〇年代なかば以降顕著に停滞する。

その理由としてあるエネルギー経済の専門家が挙げているのが、①人口と工業が集中する（一九六〇年代後半の段階で人口の七〇％、工業生産の七五％）ヨーロッパ・ロシア部における資源の欠如、②（そのための）辺境での油田探査・掘削に要する費用の増大、③石油化学工業の原料としての石油への需要拡大と価格上昇、④採掘地点からヨーロッパ・ロシア部へのガス輸送に必要な資材（ガス＝パイプライン建設資材）の不足と（そのための）ガス輸送費用の相対的な高さ、この四つの要因による石油、ガスの価格面での優位の揺らぎであった。

エネルギー資源にあまり恵まれていない同盟諸国への燃料援助も、この時期、ソ連経済の大きな足枷《あしかせ》となっていた。これについては次章で検討しよう。

†〝産業目的地下核爆発〟

一九六〇年代以降ソ連工業が慢性的に抱えることになった恒常的な超過需要の圧力のもとで、停滞気味になっていた石油・天然ガス採掘機械・設備の更新は、次に述べる東部の石炭資源開発のための投資の拡大による石油・天然ガス資源開発への投資の相対的な低下によりさらに遅滞を生じ、一九八〇年代末には石油ボーリング・マシンの約六〇％が耐用年数を超過していると指摘されるにいたった。

労働力、とくに土木建設作業に従事する労働力の決定的な不足を補うため、ソ連では、余剰核爆弾を〝発破〟がわりに利用する〝平和＝産業目的〟の地下核爆発が一〇〇回以上実施された。その目的は、①鉱石の粉砕、②地殻の地震探鉱、③事故によるガス噴出の鎮火、④運河・ダム・貯水池などの建設、⑤石油とガス採取の強化（石油／ガス層を加圧）、⑥

鉱床の試掘・産業開発の強化、⑦炭化水素原料の地下貯蔵所建設、⑧有害な工場排水の深層埋蔵、⑨陥没によるクレーターの造成、であった。

アメリカでもこうした余剰核弾頭の副次的利用は「プラウシェア作戦」(一九六一〜一九七三年に二八回の核爆発)で企図されていたが、環境負荷が著しく、誘導放射能(放射線を照射された物質が放射化することで生じる放射能)が予想以上に深刻な影響を与えていたために、一九九六年署名の包括的核実験禁止条約で事実上禁止されるにいたった。

†アストラハン・ガス田の地下ガス貯蔵庫

ひとつ、〝産業目的地下核爆発〟の事例を取り上げてみよう。

インフラ建設が停滞するなか、一九七六年に発見されたカスピ海沿岸のロシア・アストラハン州の地下約四キロメートルに横たわる凝縮ガス田の推定埋蔵量は、有名なオルレンブルク・ガス田のそれの二〜二・五倍にあたる三・五〜四兆立方メートルにのぼると見積もられていた。しかし、それを消費地まで運ぶパイプライン建設の目処が立たず、長く放置されざるをえなかった。

このアストラハン・ガス田に関してより興味深いことは、凝縮ガスの地下貯蔵を目的に、地下の岩塩鉱床に核爆発を利用して空洞をつくる実験がすすめられていたことである。アストラハン州では一九八〇年から八四年までの間に大小計一五回の地下核爆発が繰り返され、一回あたり平均三万立方メートルの空洞〝地下ガス貯蔵庫〟ができた。

当初、これら〝貯蔵庫〟は三〇年間の使用に耐えると見込まれていたが、一九八六年、原因不明のまま一斉に縮小をはじめ、一気に平均三三〇〇立方メートルにまで縮んでしまった。これにともない、アストラハン＝ガス＝コンビナートが立地する地点では四メートルも地下水が上昇し、一九八八年には放射性物質に汚染された地下水が試掘抗を通って地表に溢れた。汚染水には、トリチウム、セシウム137などが含まれていた。また、凝縮ガス中にもセシウム137、ルテニウム106、アンチモン125、セシウム134などの放射性物質が確認された。さらに、工場構内一帯の土壌も汚染されており、そのガンマ線レヴェルは毎時一一〇〇マイクロレントゲン（一レントゲンは、放射線の照射によって標準状態の空気一立方センチメートルあたり一静電単位のイオン電荷が発生したときの放射線の総量）に達した。この地域におけるこうした放射能汚染の潜在的な広がりとともに、〝地下核爆発でできた空洞の冠水、ガス発生のような危険な地質工学的現象〟を危ぶむ声も登場した。

†東部の石炭資源開発とその失敗

深刻化するエネルギー事情のなかで、期待を集めたのが豊富で安価な東部の石炭資源であった。

戦後、東シベリア、中央アジアで、カンスク＝アチンスク炭田、エキバストゥーズ炭田、ハラノール炭田など大規模炭田の開発が進められた。いずれも一兆トンを超える豊富な埋蔵量と露天掘り法による採掘が可能であったため、原価はきわめて安く、一九六〇年現在、一トンあたり二〇〜二八ルーブリ、石炭火力発電に換算して一キロワット時あたり〇・六二〜〇・八七コペイカであったが、その後も逓減し、一九七五年にはカンスク＝アチンスク炭の原価は一トンあたり二・五〇〜三・〇ルーブリと一五年前の一〇分の一近い水準にまでなった（坑道採掘法によるドンバス炭は一四〜一六ルーブリであった）。石油・ガス＝パイプライン建設の停滞に悩まされるなか、ソ連の経済政策当局は、ふたたび石炭（そして、新たに原子力）をエネルギー源のベースに置く方向に舵をきった。

しかし、この転換は、結果的にはソ連経済に深刻な停滞と危機をもたらす大失敗であった。この転換のためには、まず、工業の中心ヨーロッパ・ロシア部に、そこから二〇〇〇〜四〇〇〇キロメートル離れたエキバストゥーズ炭田やカンスク＝アチンスク炭田から大量の石炭の輸送を組織しなければならなかった。輸送に占める運河輸送、海上輸送が低位にあったソ連では、固形物である石炭の輸送は貨物鉄道、トラックによる輸送が主体とならざるをえない。やや時代は下るが、一九八一年から八五年の間、東部からヨーロッパ部への石炭輸送量は六六〇〇万トンから九六〇〇万トンに増加し、ついに貨物輸送(鉄道とトラック)の四九%を占めるにいたった。そのための費用も毎年約三〇億ルーブリに上った。石炭輸送は陸上運輸を圧迫し、スムースな物流を阻害した。

さらに、新たに開発された炭田から採掘される石炭の質にも大きな問題があった。水分・灰分ともに過多のエキバストゥーズ炭、ハラノール炭やカンスク゠アチンスク炭の比重が高くなればなるほど、全体としての石炭燃料の効率は悪化していった。一九六五年から八二年にかけて、燃料として利用される石炭中の灰分含有率の平均は二八・七%から三三・二%に増加し(燃料効率はその分低下)、一キログラムあたりカロリーは平均四一八〇キロカロリーから三八四〇キロカロリーへ低下した。火力発電所では、ボイラーの操業それ自体も困難になるほどの効率低下が方々で見られるようになった。ノルマ維持のため、一九八〇年代にはいるといくつかの巨大火力発電所で、粉塵を大量に排出しながら燃料を過剰に燃焼させる事態が常態化してくる。さらにこの時代のインフラ整備の遅れが重なって、すでに更新期を迎えた古い設備を動員してのフル稼働態勢がおうおうにしてとられることとなった。

†原子力発電への期待と不安

一九六四年のベロヤルスク一号炉から一九七三年のレニングラード一号炉まで、発電所で実用される黒鉛チャンネル炉の出力は一〇倍になった。軽水炉も巨大な実用炉が登場し、石炭の輸送コストの上昇、石炭の質の低下など深刻な問題を抱えていたエネルギー事情のなかで、原子力発電は火力発電に伍してゆくことができるものとして期待を集め、原子力発電事業には巨費が投じられ続けた。ときには、予算消化を〝至上命題〟とする官庁の都合で、原子力振興に振り向けられるべき大量の建設資材などが他の用途に振り向けられ、原子力に直接関係のない施設の建設などにも多額の資金が費消されていった（*Легасов* 1988, p. 3)。

一九六〇年代半ば以降の米ソ間における〝緊張緩和〟（デタント）により核軍拡に一定の歯止めがかかった。これにともない潜在的に過剰となるやもしれなかった原子力産業のために、アメリカ連邦議会は「核燃料民有化法」を制定（一九六四年）、国内外で商用原子力発電を大規模に推進することになった。ソ連における原発推進もこれと経路を同じくするものであったが、原発への期待は深刻な事情に根ざしていたため、より大きかった。

この期待のために、ジェジェルンの警告の声は掻《か》き消された。専門家の間でも安全性を話題にすることは忌避されるようになっていった。レガーソフは、原子力発電を円滑にコントロールするための管理システム、問題診断システムについて、「こうした問題に多少とも通暁《つうぎょう》し、検討した集団をソ連ではひとつとして見たことはなかった」と言う（*Легасов* 1988, p. 3）。彼によれば、イーゴリ・クルチャートフ名称原子力研究所の意思決定機関＝科学・技術会議では〝概念的な問題〟ばかりが議論され、現実に操業中のあれこれの原子炉の質、燃料の質など技術的な問題が議論されることはめったになかった。こうして、ソ連、および東欧〝同盟〟諸国における原子力発電所建設は一九七〇年代から八〇年代を貫いて強力に進められた。

原発建設ブームのさなかの一九七九年、ソ連共産党中央理論誌『コムニスト』にソ連〝原子炉工学の父〟ニコライ・ドレジャーリが経済学者ユーリー・コリャーキンと共著で論文を発表している（*Доллежаль и Корякин* 1979）。彼と共著者は、原子力技術体系の高コスト、不経済性を指摘した。また、核燃料サイクルの安全性についても危惧を表明した（これについては第六章で詳述する）。そもそも、『コムニスト』への論文掲載は、それこそ政治局員クラスの有力な共産党幹部の暗黙の支持があってのことであろう。政権上層部においても原子力政策にたいする疑念が生じていたと推測される。この論文は、この同じ年に生起し、ソ連にも伝えられたスリーマイル島事故のニュースともあいまって、市民に大きな影響を与え、チェルノブィリ原発事故以前にすでにソ連市民に原発への疑問を抱かせた（第七章）。

しかし、チェルノブィリ原発事故を経てもなお、ロシアで運転中の発電所用原子炉は計二九基、うち加圧水型原子炉が一三基（《ВВЭР《ヴェーヴェーエエル》-440》が六基、《ВВЭР-1000》が七基）、黒鉛チャンネル炉が一一基（すべて《РБМК《エルベーエムカー》-1000》）、小出力黒鉛炉が四基、高速炉が一基（БН《ベーエヌ》-600。БН-800は二〇一五年運転開始）であった（一九九九年現在）。原子力発電による発電総量は二万一五六〇メガワットで、当時、アメリカ、フランス、日本、ドイツに次ぐ世界第五位の地位を占めていた。ロシア国内の総発電量に占める原子力発電の割合は、この段階で一四・二％であった（藤井 二〇〇一、四三頁）。

第六章

東側の原子力

――"同盟"諸国とエネルギー政策

合同原子核研究所(ドゥブナ)の巨大なシンクロ=ファゾトロン

1　合同原子核研究所

†〝国際協力〟の機運と合同原子核研究所

ソ連解体以前、ソ連とその〝同盟〟諸国はしばしばひとまとめに〝共産圏〟と呼ばれた。本章ではソ連の枠をいったん離れて、〝共産圏〟の核開発を追跡しよう。

一九五四年九月二九日、ドイツ連邦共和国（西ドイツ）、フランスなど西側一二カ国共同の原子力研究機関「ヨーロッパ原子核研究機構（ＣＥＲＮ）」が設立された。同年一二月四日には国連第九回総会で「平和目的核エネルギー応用分野における国際的協力について」が採択され、一九五五年には第一回国連原子力平和利用国際会議、いわゆる第一回ジュネーヴ会議が開催された（第四章既出）。

こうして原子力〝平和〟利用分野における〝国際協力〟の機運が高まるなか、一九五六年三月二六日、ソ連とその〝同盟〟諸国によって共同で運営される国際共同研究機関「合同原子核研究所（ОИЯИ《オイヤイ》）」がモスクワ郊外のノヴォ＝イヴァニコヴォに設立された。ノヴォ＝イヴァニコヴォは同年、同地に繁茂《はんも》する樫の木（ドゥブ：Дуб）にちなんでドゥブナと改称され、独立した「市」に昇格した。原加盟国は、アルバニア、ブルガリア、ハンガリー、ドイツ民主共和国（東ドイツ）、中華人民共和国、朝鮮民主主義人民共和国（北朝鮮）、モンゴル、ポーランド、チェコスロヴァキア、ソ連邦の一〇カ国、少し遅れてヴェトナム民主共和国（当時。通称北ヴェトナム）が加わった。

それに先立つ一九五五年一月一七日、ソ連政府は外国の原子力〝平和利用〟にたいして科学、技術、工業の面での援助を提供する用意がある旨声明を発した。合同原子核研究所の設立を直接の目的とするソ連と各国との原子力研究とその〝平和〟利用に関する協力協定は一九五五年の四月から五月にあい続いて締結された。この締結を契機に、その後の一〇～一五年間に、東欧〝同盟〟諸国では、ソ連からの援助で、計一二基の研究＝訓練用原子炉、一六基の粒子加速器、五カ所の放射化学・同位体元素研究施設などが誕生した。その間、ブルガリアには原子核＝核エネルギー研究所、東ドイツには中央原子核研究所、ハンガリーには中央物理学研究所、ポーランドにはスヴェルカとクラコフに二カ所の原子核研究所、そしてチェコスロヴァキアには原子核研究所が設立された。

†巨大粒子加速器

合同原子核研究所には前身があった。ノヴォ＝イヴァニコヴォのソ連邦科学アカデミー

〝核問題研究所〟（もとの〝流体工学研究所〟）と〝電気物理学研究所〟の両機関である。

前者は、原子核物理学における基礎研究振興を目的として、当時世界最大であったカリフォルニア大学バークレー校放射線研究所の三四〇メガ電子ボルト級シンクロ＝サイクロトロンを凌駕《りようが》する巨大粒子加速器を建設するために設立が決まった研究機関で、その加速器は一九四九年一二月一四日に始動し、その後の改良で、一九五一年には重陽子を四八九メガ電子ボルトまで加速することに成功、ついにバークレーのシンクロ＝サイクロトロンを凌駕し、一年弱の間、世界最大の粒子加速器となった。一九五三年には電磁石を増強し、六八〇メガ電子ボルトを達成する。この巨大加速器を中心とする研究施設は、五キロメートル圏内に水力発電所が立地していたことから、ソ連邦科学アカデミー〝流体工学研究所〟というコードネームが付された（一九五三年には科学アカデミー〝核問題研究所〟と改称）。

流体工学研究所から五キロメートル離れたところに一〇ギガ電子ボルト級シンクロ＝ファゾトロン（ファゾトロンとは、加速エネルギーの高いサイクロトロンにたいするソ連／ロシア独特の呼称）の建設がはじまり、一九五六年三月までに装備を完了した。この加速器とその研究施設はソ連邦科学アカデミー〝電気物理学研究所〟と命名された。

巨大粒子加速器はその建設に巨額の資金を要するにもかかわらず、その研究成果は基礎研究の範疇《はんちゆう》に属するもので、核兵器開発に直接貢献するものではない。ソ連政府としては加速器事業を〝国際共同研究機関〟に移管して、加盟国から分担金をとって運営するほうが財政上合理的である。さらに、ウラン濃縮やプルトニウム分離など原子爆弾開発に直接活かせる研究分野から一定の距離がある分野に〝国際共同研究〟を閉じこめることで、ソ連は加盟諸国にたいする〝核の優位〟を維持しようとしたとも考えられる。すでにユーゴスラヴィアがソ連から離反し、こともあろうにCERNに加盟してしまっていた段階では同盟国といえども安心できなかったのであろう。

†〝国際共同研究〟の成果

この研究所はとくに素粒子の分野で数々の世界的な業績を挙げた。とくに一連の超ウラン元素の発見（一〇五番元素はこの研究所の立地にちなみドブニウム（Db）、一一四番元素はここで活躍したゲオルギー・フリョーロフにちなみフレロビウム（Fl）、一一八番元素は、同じく、ユーリー・オガネシアンにちなみオガネソン（Og）と命名されている）では世界に名声を馳せている。他方、一九五〇年代から六〇年代、毎年六〇〇人を超える研究者を加盟諸国の研究機関から迎え入れ、毎年約五〇〇人を各国の研究センターに送り返した。

ここで、中国を代表する物理学者王淦昌《おうかんしょう》や周光召《しゅうこうしょう》はそれぞれ現代物理学に大きく貢献する顕著な研究成果を挙げたが、合同原子核研究所という枠組みを設けることで、外国人研究者が達成したこのような優れた研究成果は、ソ連をはじめとする加盟国で〝共有〟されることとなった。

2 中国への原子力科学技術支援と中ソ対立

†新中国指導部の核武装への渇望

中華人民共和国は、ソ連による最初の原爆実験成功の直後に成立した、〝核時代〟の新国家である。生まれたばかりの中華人民共和国への核攻撃につながる危険性もあった朝鮮戦争、さらに日米間、米韓間、米フィリピン間の安全保障条約締結、軍事ブロックであるオーストラリア＝ニュージーランド＝アメリカ合衆国安全保障条約（ANZUS）、東南アジア条約機構（SEATO）の結成をアメリカによる新生中国包囲と見なした中国の政治指導者たちは核武装を渇望した。さらに、アメリカが原子爆弾をドイツではなく日本に投下したこと、太平洋地帯で核実験を繰り返したこと、要するに核兵器が一度も白色人種（コーカソイド）に刃を向けたことのない事実をもって、毛沢東のみならず、アジア諸国の指導者のなかには、アメリカの核戦略に人種主義的な傾向を感じ取り、これに強く反発する傾向があったことはすでに述べた。

一九五五年一月一五日に開催された中国共産党中央委員会書記処拡大会議をもって中国の核開発はスタートする。会議には毛沢東をはじめとする当時の中枢的政治指導者とともに、中国〝原子力の父〟銭三強《せんさんきょう》、地質学者李四光《りしこう》らが参加し、種々説明にあたった。ただちに一九五五年四月二七日、ソ連から原子炉、核分裂性物質を供給するという内容の中ソ間協定がモスクワで締結された。さらに、一九五七年五月一五日、ソ連政府は中国に対して原子爆弾のモデルと技術資料を供与する秘密協定を締結した、中国はソ連との間に計六件の協定を締結、ソ連からの大規模な援助のもとに核兵器開発を推し進めることになった。その間、一九五六年一一月一六日には、国務院に担当官庁「第二機械工業部」（設立当初は「第三機械工業部」。のち、一九八二年の国務院機構改革にともない「核工業部」となる）が設置された。

†マルィシェフ・クルチャートフ書簡――第一の書簡

ソ連最初期の原子力開発のリーダー、イーゴリ・クルチャートフの学術著作集の最終巻、第六巻（二〇一三年刊）には、クルチャートフが原子力担当官庁の大臣、次官と連名で、ときの首相ゲオルギー・マレンコーフや共産党中央委員会に中国への核技術の積極的な輸出を提案する書簡が二通含まれていた。対外核政策に関する厳重な文書管理を考慮すれば、これは一種の〝漏れ〟であったのかもしれない。われわれはこの二通の書簡を通じて、最初期の対外核政策立案過程のひとコマを知ることができる。

軍民双方の原子力機械・装置製作工業を管轄する中型機械製作省大臣のヴャチェスラフ・マルィシェフとクルチャートフ連名の一九五四年四月二九日付書簡は、「現在、アメリカ合衆国は核物理学、および原子力に関する研究を、西ヨーロッパの国々で、それら諸国の科学者によって得られる成果を自らの〔軍事的〕目的のために利用すべく、発展させようと努力している。……ソ連邦がこのアメリカの方策に対抗して、民主主義諸国の科学者と技術者の努力を統合し、これら諸国が核物理学と原子力の研究に着手し、発展させるための援助をおこなうことは目的に合致していると考える」（*Курчатов* 2013, p. 129）として、〝民主主義〟（この場合、ソ連との同盟）諸国への核技術供与をアメリカの対同盟国原子力政策へのカウンター・メージャーと位置づけている。

重点は対中援助で、この書簡は、きわめて具体的に（費用見積もり付きで）、二〜三年のうちに、①五メガワット以下級の天然ウラン＝重水減速＝熱中性子炉、②三〇メガボルト級サイクロトロン、③五メガボルト級粒子加速器用静電発生器の三種の機器・装置を中国に供与し（②と③はあわせて二〇〇〇万ルーブリ）、あわせて重水七トン（二四〇〇万ルーブリ）、金属天然ウラン三〜四トン（二〇〇〇万ルーブリ）、およびその他、計一〇〇〇〇万ルーブリ相当の機械・設備類を中国に供与することを進言している。注目すべきは、この書簡が、中国が核開発をスタートさせた中央書記処拡大会議に先行していることである。

†マルィシェフ・クルチャートフ・ヴァンニコフ書簡——第二の書簡

同年一二月二八日付の第二の書簡にはマルィシェフ、クルチャートフのほかに、中型機械製作省第一次官であったボリス・ヴァンニコフも署名しており、その宛先はソ連邦共産党中央委員会となっている。そこでは、第一の書簡同様、核技術供与の目的を〝平和〟目的に限定していない。また、核拡散抑止効果を持つとされる軽水炉はまだ実用化されておらず、西側ではアメリカに続いてイギリスも原子爆弾開発に成功していたことを考慮すれば、この書簡は、大規模な援助を通じて、核拡散による〝社会主義ブロック〟全体の核武装の強化を進言しているものと考えられよう。書簡は「これら諸国におけるウラン資源鉱脈の存在を考慮すれば、中国、ポーランド、チェコスロヴァキアに原子炉を建設し、これら諸国を原子力大国の仲間入りをさせることは大きな政治的意味をもつであろう」と述べていた（*Курчатов* 2013, p. 136）。

ここでは、援助の想定対象国が中国のほか、チェコスロヴァキアとポーランドにまで拡大されている。これらの国々における原子力研究開発の基礎からの幅広く、強力な進展をめざして、熱出力一〜五メガワット級の小型の実験原子炉、粒子加速器を建設し、実験研究用の核分裂性物質を少量分配し、原子工学者の養成を援助するべきであるとして、そのための詳細な予算見積もりも付している。

†対中国核兵器技術供与の実際

政治的意思決定過程の詳細は不明ながら、右記二通の書簡による進言が権力によって採用されたとみるべきであろう。第一の書簡で挙げられていた小出力の天然ウラン＝重水減速＝熱中性子炉、三〇メガボルト級サイクロトロンなどは、確かに中国側に引き渡されている。

それにとどまらず、ソ連側は中国にたいする追加的な支援を二点おこなっているとしている。ひとつは、ウラン濃縮のための〝尾っぽのような（хвостовые）〟機械（図6-1）、すなわち、ウラン濃縮のためのOK《オーカー》型気体拡散法設備（第一章参照）であり、もうひとつは、電磁石二五〇トンを装備した電磁分離法設備であった。後者はソ連の原子力研究所（現・「クルチャートフ研究所」）に備え付けられていたものを取り外して中国に供与したものとされている。

さらに、一九五八年夏には、中国にコーディネーターとして常駐していたエフゲニー・

ヴォロビィョフが熱核融合反応（水爆の原理）について中国科学院で講演した。核兵器開発が本格化したこの年、ソ連は原子力工業専門家のべ一一一名、地学専門家のべ四三名を中国に派遣した。六月一八日には、ソ連の核弾頭設計＝開発拠点、いわゆる〝アルザマス－16〟からエフゲニー・ネーギンら核弾頭専門家が到着し、中国人専門家に核弾頭の点火方式と装置、その組み上げ法を教授し、八月二日に帰国の途に就いている。

図6-1　同位素分離反応塔。ソ連が用いたOK装置とそっくりである。図1-10を参照されたい

　クルチャートフらの第一の書簡は張文裕《ちょうぶんゆう》や彭桓武《ほうかんぶ》など中国人科学者の優れた業績を挙げ、「中華人民共和国における核物理学は、現在のところ、低い水準にとどまっているが、中には高い質を持ち、重要で興味深い成果を挙げた一連の物理学者がいる」と述べていた（*Курчатов* 2013 p. 129–130）。スターリン期、長く〝科学鎖国〟状態にあったソ連の科学者は、新中国の呼びかけに応じ帰国するまで西側の科学者と接点をもっていた中国の科学者との交流に大いに期待した。それゆえ、ソ連の

対中科学援助は一方的なソ連からの知識と機械装置の提供ではなく、中国人科学者はソ連の科学界に新鮮な風を送り込んだのであった。

†中ソ対立と対中国核兵器技術供与の評価

ソ連邦共産党は一九五六年の、いわゆる「スターリン批判」後、西側諸国との〝平和共存〟路線をとるようになったが、毛沢東率いる中国共産党はこれを受け入れず、中ソ両党間の対立は次第に拡大し、両国間に軍事的緊張が高まるまでにいたった。その間、ソ連は、西側との核実験禁止に関する協議を進めるなかで、中国への核兵器技術供与に慎重になり、一九五九年六月二〇日、かねて約束していた原子爆弾関連資料の提供を一時延期する旨、中国側に通告した。つづいて六〇年六月の世界共産党会議（ブカレスト）で中ソ間の対立が顕在化した直後、ソ連政府は中国に派遣していた自国の専門家全員の引き上げ、中国への科学・技術援助の打ち切りを通告、八月二三日までに原子力分野での対中援助のために中国に駐在していた専門家二三三名全員を帰国させた。

中国初の核爆弾爆破実験は一九六四年一〇月一六日に実施された。中国の初期核開発については、中ソ対立の深まりとともにソ連からの援助が打ち切られ、その後は中国側の科学者、技術者が困難を極める状況下、〝自力更生〟路線を貫いて原子爆弾の開発に成功したと理解されてきた。このような中国初期核開発史の語られ方は、〝正史〟ともいうべき『当代中国的核工業』（李覚元ほか 一九八七）を最大の典拠としている。しかし、ソ連は大規模な核技術輸出、原子力科学・技術面での積極的な支援を指向していたと見るべきであろう。このとき中国に派遣され、のちに〝アルザマス－16〟の拠点施設「全連邦実験物理学学術研究所」の所長となるネーギンは、「このとき〔帰還〕までに派遣団はほとんどすべてをやり終えていた」と回想している（*Негин* 1997 p. 312）。

中国初の核爆弾は、爆縮法（高性能爆薬の内向爆発によって、未臨界量のプルトニウムを一瞬にして高密度塊にして臨界をえる点火方式。第一章既出）起爆装置を装備した高濃縮ウラン爆弾であったが、マンハッタン計画ではプルトニウム爆弾用に開発された爆縮法が高濃縮ウラン爆弾に採用されたことになる。この技術選択は、高度な爆縮法の技術を獲得しようとする中国側の選好のほか、技術移転の分野別不均衡によるものとも考えられる。実際、気体拡散法ウラン濃縮施設群建設、爆縮法開発に比してプルトニウム生産炉建設が遅れていたことは〝正史〟『当代中国的核工業』でもうかがえる（李覚元ほか 一九八七、四二〜四五頁）。

3　対東欧〝同盟〟諸国への原子力発電技術提供

†対東欧エネルギー支援の負担

豊富な石油、石炭、天然ガス資源を有する広大な国土を持っていても、それらの採掘、精製、消費地までの運搬に投下されるべき膨大な量の労働力を確保できなければ、それら資源を活かすことはできない。前章で見たように、一九六〇年代にソ連が直面したエネルギー問題はこのような投下労働量過少に起因するものであったが、東欧〝同盟〟諸国へのエネルギー支援の負担もその要因のひとつになっていた。

一大産油国であったソ連からの石油（原油、および精製石油）輸出は、一九七〇年現在、世界に九五八〇万トン、うち経済相互援助会議（いわゆるコメコン）加盟の東欧四カ国（ブルガリア、チェコスロヴェキア、東ドイツ、ハンガリー）への輸出はその半分に近い四〇三〇万トン、とりわけ、チェコスロヴァキアに一〇五〇万トン、東ドイツに九三〇万トンが輸出されていたが、その量は逓増《ていぞう》し、七九年には、全世界向け輸出は一億五八一〇万トン、対東欧諸国向け七六三〇万トン（七〇年には輸入のなかったルーマニアが四〇万トン購入している）、うち対チェコスロヴァキア一八三〇万トン、対東ドイツ一八五〇万トンとなっていた。当然ながら、ソ連の対東欧諸国天然ガス輸出も同様の伸びを示していた。ソ連も、もちろん、他の石油産出国と歩調を合わせた国際協調価格路線を採っていたが、同時に、輸送価格を極端に低く抑えることで、〝同盟〟諸国を優遇していた。

†対東欧〝同盟〟諸国への原子力発電技術提供の枠組み

国内におけるのと同様、東欧〝同盟〟諸国にも原子力発電をもって化石燃料に代替させる必要があった。その場合、国内における軽水炉開発の相対的な不首尾にもかかわらず、東欧諸国には自国で開発された軽水炉をもっぱら提供している。その理由は、もちろん、「核不拡散条約(Non Proliferation Treaty:NPT)」(一九六八年七月一日締結、一九七〇年三月五日発効)で、ソ連を含む締結国に、核兵器非保有国への、核兵器開発に転用されやすい技術の供与が禁じられたことにある。第五章で述べたように、ウェポン=グレードのプルトニウムをほとんど供給しない軽水炉は、それ自体として核拡散抑制効果をもっているとされ、国際原子力機関(Intrernational Atomic Energy Agency:IAEA)体制下でも「原子力の平和利用」に役立てるため、その応用が推奨されている、現状ではほぼ唯一の炉型である。また、ソ連政府は、〝惜しみなく〟核兵器技術を提供した中国と深刻な対立状態に入ったことを、苦い〝教訓〟としたのであろう。

軽水炉の大量輸出にあたって、ソ連政府は原子炉技術の提供、原子炉・原子力発電所建設への技術的協力にとどまらず、運転開始後も低濃縮ウランの供給、使用済み核燃料の再処理を請け負った。

†ギドロプレス――唯一の軽水炉メーカー

軽水炉の普及をともなう東欧〝同盟〟諸国の原子力発電の展開にとって重要なのは、軽水炉、および関連技術の供給体制であろう。

一九四六年一月二八日付ソ連邦人民委員会議布告によって、モスクワ南郊に位置するセルゴ・オルジョニキーゼ名称ポドリスク機械工場に「油圧＝蒸気圧プレス設備設計に関する特殊設計ビューロー」が開設されることになった。同ビューローは油圧プレスを意味するロシア語Гидропресс《ギドロプレス》にちなみ、「ギドロプレス」を一種の固有名詞とするようになる。ギドロプレスは、さまざまな研究機関が使用する研究用原子炉の設計・製造にあたった。

ギドロプレスは、ソ連初の原子力潜水艦はK《カー》－3（一九五九年就役）建造に従事したのを皮切りに、数十隻におよぶ軽水炉搭載原子力潜水艦、数隻の液体金属冷却炉搭載原子力潜水艦の建造に携わった。後者、高速中性子＝液体金属冷却炉製造の経験は、さらに三基の民生用高速中性子炉БОР《ボル》－60（一九六九年運転開始）、БН《ベーエヌ》－350（七三年運転開始）、БН－600（八〇年稼働）製造につながっていった。原子力潜水艦建造に伴う業務の拡張に応じて、一九六三年一一月、ギドロプレスはポドリスク機械工場から分離独立し、単独で原子力利用国家委員会に直属する独立した企業体となった。

ギドロプレスは、さらにもうひとつ重要な課題を担っていた。一九五五年、原子力発電用の軽水炉開発に動員されたのである。ソ連初の軽水炉による原子力発電所であるノヴォ＝ヴォロネジ原発のВВЭР《ヴェーヴェーエーエル》－210は、すでに述べたように、開発に手間取り、一九六四年になってようやく稼働したが、それはこの企業で製造されたものであった。以降、同工場は継続して原子力発電用軽水炉製造に取り組むようになった。

さらにその後、ギドロプレスは輸出用の軽水炉製造を一手に引き受けることになる。一九五六年七月一七日付ソ連邦閣僚会議布告により同工場は、東ドイツのラインスベルク原子力発電所用に軽水炉用の〝基本的な〟（詳細不明）設備の製造を委託される。それを皮切りに、ギドロプレスは六〇年代、コメコン加盟国のために総計二七基、フィンランドのために一基の軽水炉建設を請け負うことになった。一九五六年一月一日現在、たった二二五名であったギドロプレス従業員は六五年一二月三一日現在で一〇一七名に増加していた（管見の限り、その後の人員増加については明示的な資料はない）。

しかし、さまざまな設備の製造を他の企業に請け負わせていたとはいえ、一社でこれほどの発注を抱えることには無理があったとも言えよう。とりわけ、《BBЭP《ヴェーヴェーエェル》-440》から《BBЭP-1000》への発展にはひどく時間がかかっている。BBЭP-1000型の普及は遅れ、一九八四年段階でもわずかに二基であった。

需要超過に苦しむギドロプレスらソ連の軽水炉工業当事者がとった政策が〝単一技術政策〟、すなわち、コメコン諸国の原発を基本的にたったひとつのコンセプト、事実上一タイプの設備を応用した単一の設計を用い、原発の設計、装備、操業、設備の製造、操業人員の養成などに要する時間と労力を節約し、運転の経験を共有化することであった。このため、ソ連国内、およびコメコン加盟国における発電所用軽水炉は《BBЭP-440》型、《BBЭP-1000》型の二タイプに限定された。そして、軽水炉の総合設計はモスクワにおかれた全連邦科学研究=設計研究所「アトムチェプロエレクトロプロエクト」、設計・製造はギドロプレス、全体にわたる学術的指導はイーゴリ・クルチャートフ名称原子力研究所（現・全ロ研究センター「クルチャートフ研究所」）がおこなった。

†東欧諸国における原子力発電所建設

ブルガリア

自国に豊富なエネルギー資源を欠くブルガリアは一九六六年、ソ連との間に加圧水型軽水炉を二基設置した八〇〇メガワット級原発建設に関する協定を締結。ソ連は完成後五年間燃料を無条件に供給すると約束した。一九七〇年四月六日からコズロドゥイにおいて原発を建設しはじめた。ソ連製加圧水型軽水炉《BBЭP－440》第一世代に属する一号炉は一九七四年に、二号炉は七五年に稼働し、さらに同タイプのものが二基、大型の《BBЭP－1000》炉が二基増設された。

ハンガリー

同じくエネルギー資源の不足に悩むハンガリーは、ソ連からの提案に先立って、専門家がノヴォ＝ヴォロネジ原発一号炉を研究し、その加圧水型軽水炉を望ましいとしていた。これにより、一九六九年の推計では、電力価格は、輸入電力より二〇％、水力発電より三〇％、石炭火力より一〇％安くなる見込みであった。ブルガリア、東ドイツと同じ一九六六年一二月二八日にソ連との間で原子力発電所建設協力協定が締結され、六七年二月一六日にはパクシュ（Paks）の地が選定され、ただちに整地作業などがすすめられたが、六九年一二月三一日にソ連側の事情で建設作業は一時凍結され、七一年一〇月二一日になってようやく再開された。パクシュ原子力発電所の原子炉《BBЭP－440》型四基は一九八二年から八七年にかけて漸次操業を開始し、やがて同国の電力生産の四〇%を担うまでになった。

東ドイツ

一九六五年現在、火力発電所燃料の七九%が、粉塵と亜硫酸ガスを大量に排出する自国産のリグナイト褐炭《かったん》であった。同国は、しかし、ウラン資源に比較的恵まれている。東欧諸国のなかでは、電力需要が高く、一九六五年国民一人あたりの電力消費量は三一四五キロワット時、総発電量は五三六億一一〇〇万キロワット時であった。このため、東ドイツ政府は原子力発電に相当の期待を持ち、軽水炉導入に満足せず、重水炉開発や高速増殖炉建設に期待していた。とくに後者は、問題解決の〝切り札〟と見なされていた。

東欧における原子力〝平和〟利用の嚆矢となったラインスベルク原発が稼働(一九六六年)したのち、大型原発がバルト海沿岸グライフスヴァルト付近に建設されることが決まった。急逝した政治家の名をとって「ブルーノ・ロイシュナー」と名付けられた。《BBЭP《ヴエーヴエーエエル》-440》が八基で出力三五二〇メガワットとされた。一九六七年五月に用地選定が済み、六八年一一月、最初の二基の炉の技術設計が確認されて、六九年五月、建設開始、七三年に竣工、同年中に一号炉が稼働し、七五年七月には二号炉が、七八年には、三号炉が稼働した。同原発はのち次第に増設され、九〇年の東西ドイツ統一を迎えたが、チェルノブィリの悪夢からまだ覚めやらぬ当時、事故を起こした黒鉛チャンネル炉のみならず、〝ソ連製原子炉〟全般の危険性が国民的関心事となり、同年中に一～四号炉は閉鎖が決まり、五号炉も一九九一年に閉鎖が決まった。

チェコスロヴァキア

一九八〇年現在、火力発電所の燃料は、固体燃料、とくに褐炭（brown coal）、石炭、リグナイト褐炭（lignite: brown coal よりさらに品質が悪い）の割合が高く、水力の割合も低く、エネルギー自給率は六四％にすぎない。ソ連から供給される石油、天然ガスの割合は相対的に低い。遡ると、一九六九年現在、ほとんどの発電所はソ連から供給された石油を燃料にしていた。一九六八年、議会工業委員会は原発建設計画を採択した。八〇年までに三カ所の原発を稼働させ、全電力の一五％にまで引き上げる計画であった。それなしでは、電力供給は七二年から七四年には危機的な局面を迎えるものと考えられていた。いくつかの固体燃料の源泉は枯渇が心配されており、近い将来、鉱物性燃料が不足するとみられていたのである。同国独自のエネルギー資源で豊富なものはボヘミア北西部の泥炭とウランのみであった。そのため、同国政府は原子力発電導入に熱心であった。

現在スロヴァキア領に属するボフニチェ（Bohunice）において《ВВЭР《ヴェーヴェーエエル》－４４０》を四基装備した原子力発電所の建設が一九七二年からすすめられ、七八年から八五年漸次操業を開始していった。《ВВЭР－４４０》第一世代に属する一号炉、二号炉については、ソ連側からの設計提供と機器製造面での技術供与のもと、ギドロプレスとチェコスロヴァキアのスコダ社が合弁事業として建設にあたったが、第二世代型の三号炉、四号炉はスコダ社が単独で建設を担当した。つづいて、七四年には今日のチェコ領南モラヴィアのドゥコヴァニ（Dukovany）に《ВВЭР－４４０》第二世代四基を装備した原子力発電所の建設が開始され、八五年から八七年にかけて漸次操業を開始していった。機器の八〇％が国内で製作されたものであった。その後、一九八〇年代における電力需要の着実な伸張を背景に、スコダ社により、八二年にはスロヴァキア領モホフチェ（Mochovce）に《ВВЭР－４４０》を四基擁する原子力発電所、さらに八六年にはチェコ領南ボヘミアのテメリン（Temelin）に《ВВЭР－１０００》四基を擁する巨大原子力発電所の建設が開始されたが、その後の東欧の激動と経済混乱のために、前者はその一号炉の完成が九九年に、後者は四基中二基の導入がキャンセルされ、一号炉の完成は二〇〇二年にもつれ込んだ。

†東欧原子力発電の〝異端〟

ラインスベルク原発

ベルリン郊外北方八〇キロメートルに七〇メガワット級軽水炉を一基装備したラインスベルク原子力発電所が建設され、一九六六年五月九日に操業を開始した。東欧における最初の原子力発電所である。原子炉は加圧水型で、熱出力二六五メガワット、電気出力七〇メガワットで、二％濃縮ウランを燃料としていた。ギドロプレスが自称〝基本的な〟設備を製作し、備え付けたものの、ラインスベルク原発の詳細設計は東ドイツの研究所がおこない、冷却回路、蒸気発生器などは東ドイツで設計・製造された。ラインスベルク原発の事例は、東ドイツが自国のエネルギー資源不足からいかに原子力発電を待ち望んでいたかを示すとともに、かつての〝科学技術大国〟としての自負をも示すものであった。しかし、あまりに出力の小さいこの原発は、原子力設備運転の訓練、原子力分野における人材養成、核物理学その他の研究を主目的として活用され、電力生産は〝付けたり〟にすぎなかった。

ボフニチェA－1号炉

一九五八年、ソ連側が設計を担当し、スコダ社が機器製作を分担するかたちで、天然ウラン＝重水減速＝ガス冷却炉であるボフニチェA－1号炉（KS－150炉）の建設が開始された。重水炉はプルトニウム生産のみならず、水爆に利用されるトリチウムも抽出できる炉型であるが、核不拡散条約（NTP）締結に一〇年先立つこの当時はまだ核不拡散への東西協調は進んでおらず、技術提供にたいする警戒度は低かったと考えられる。また、なによりチェコスロヴァキアにとって天然ウランを活用するこの炉型は、自国産出のウランを高価な濃縮コストなしに利用できるメリットがあった。ソ連側は一五〇メガワット出力、天然ウラン燃料＝重水減速＝ガス冷却炉の全技術情報を提供した。完成は一九六九年の予定であった。

一九六一年から六三年、ボフニチェ原発の建設は中断される。チェコスロヴァキア政府が「膨大なシベリアのエネルギー資源を活用」することを望んだためであった。しかし、すぐに輸送コストが高く、合理的ではないことがわかった。ボフニチェ原発の建設は再開され、改めて一九六九年一二月三一日に竣工する予定となった。この間、機器・装置の国産化が進み、フランス製コンプレッサーを除けば原発用設備はすべてチェコスロヴァキア製となった。しかし、建設資材の腐食の激化、重水の不足、資金投下額の嵩張りを含む技術的・経済的問題が生起したため、一九七七年、ボフニチェA－1号炉のそれ以降の操業は断念された。

ソ連側は、しかし、当初からこの計画に冷ややかであった。ソ連の海外原子力情報調査研究機関「原子力科学・技術についての情報、および技術＝経済研究に関する中央科学研究所」のレポートは「当時、電力出力で五～三五メガワットの実験炉しかなかったのに、チェコスロヴァキアのエネルギー省は一五〇メガワット級の原子炉を選択した」とチェコスロヴァキア側の主観主義的な姿勢に懐疑的であった（Центральный... 1969, p. 5）。

図6-2　ボフニチェA-1炉（1958～77年。ソ連・チェコスロヴァキア共同開発の重水減速・ガス冷却炉）

4　燃料サイクル

†重層的な核燃料サイクル

国内では軍用、民用の黒鉛炉がひしめくなか、軽水炉建設を進め、海外にはもっぱら軽水炉を輸出していたソ連の核燃料サイクルは、軽水炉体系と黒鉛炉体系の両方を包含する、いささか複雑な形態をもつにいたった。しかも、同じ軽水炉でも《ВВЭР《ヴェーヴェーエエル》－440》と《同－1000》では扱いが違った。

一九八〇年代、東欧諸国などへの原発輸出が相当に進捗しつつあったころ、黒鉛炉と軽水炉が同じひとつの核燃料サイクルに包含されるようになった。黒鉛炉と並行して大容量の軽水炉を多数建設するためには、核燃料サイクルの拡張・再編が必要であり、そのことは比較的早くから指摘されていたとされる。そして、再編の結果、八〇年代にはРБМК《エルベーエムカー》の燃料は、以下のような根拠から、おうおうにして軽水炉の量産タイプ《ВВЭР－440》の使用済み核燃料から製造されるようになった（《ВВЭР－1000》を対象とした再処理施設が完成するのはソ連解体のあと）。

前章で述べたように、軽水炉にはあらかじめいくぶんか濃縮したウラン燃料が必要となる。そして、燃料は何年間か燃やされたのち、ウラン235の割合が低下して、それ以上核分裂連鎖反応を効率的に進めることが期待できなくなると新しい燃料と交換される（最盛期の日本の原子力発電所を例にとると、燃料は三年間ほど燃やしたのち、ウラン235の割合が約一％程度にまで減ったところで交換されていた）。一九九二年現在、ロシアでは軽水炉からの使用済み核燃料年間約一二〇トンが再処理され、〝チェリャビンスク－65〟の放射化学工場PT《エルテー》－1で、同量の〇・八〜一％濃縮ウラン燃料として再生される。

黒鉛炉は、低濃縮ウランを燃料として利用する軽水炉と違い、ウラン濃縮工程を経ない天然のままのウラン（連鎖反応するウラン235を〇・七二％含む）でも操業が可能である。〇・八〜一％濃縮ウランは軽水炉には不向きでも、これで黒鉛炉を操業させることは可能である。さらに、もうひとつのウランの源泉は濃縮工場から出た廃棄物を再生したものである。その場合、原子炉燃料となるウラン235の割合は〇・三六〜〇・七％となる。こうして濃縮工場などから取り出された燃料はPT－1でウラン235の比率二〜二・五％にまで濃縮された。このような場合、黒鉛チャンネル炉は軽水炉から出た〝核のゴミ〟で稼働することになる。

これらのプロセスによって再生される黒鉛炉用燃料が使用済みとなった場合、そこからはもはや原子炉燃料もウェポン＝グレードのプルトニウムも入手できない。黒鉛炉から出た使用済み核燃料は〝経済的理由〟から処理されず、貯蔵されるだけになっている現状がソ連解体直後に明らかとなったが、これが黒鉛炉からの使用済み核燃料を処理しなかった〝経済的理由〟である。ソ連が東欧諸国に展開した軽水炉はこうした重層的な核燃料サイクルに包含されることになった。

ソ連政府は、黒鉛炉での〝再利用〟をも含む、軽水炉用使用済み核燃料再処理能力の拡張、すなわち、PT－1への投資を強め、逆に、黒鉛炉体系のための再処理施設を建設しなかった（Högselius 2009, p. 262）。このためもあって、黒鉛炉に比べて開発が遅れていた軽水炉は国内外において次第に増設されていった。

以下、核燃料サイクルの各段階について見てみよう。

†ウラン資源

第二章で見た一九四〇年代後半からの努力によって、ソ連におけるウラン資源開発は順調に進んでいった。一九九一年現在、採掘中ウラン鉱山のうち主要なものは、ウクライナ、ロシア、カザフスタン、中央アジアの諸共和国に展開する九カ所の鉱区であった（これに加えロシアには六カ所、探鉱を終えているがまだ採掘されていない鉱区があった）。これら鉱区の埋蔵量は豊富で、東欧諸国の原子力計画の燃料消費の多くは旧ソ連諸国から調達されたウランによって満たされていた（一九八〇年代、毎年一六〇〇トンになる消費のうち、ソ連からの調達は一三〇〇トン）。ソ連の諸鉱山から採掘されたウランを扱う工業の総生産量は年一万四五〇〇トンであった。核エネルギー計画の毎年のウラン原料消費量は天然ウランに換算して八〇〇〇トンのオーダーである。そのため、ほかの源泉がなくとも毎年、世界の市場に六五〇〇トン以上を提供することができた。一九六〇年代半ば以降の、東西冷戦の〝緊張緩和〟（デタント）のおかげで、軍事核計画は縮小し、かなりの輸出能力を解放した。ソ連は一九七〇年代に世界の濃縮ウラン市場に参入した。

†ウラン濃縮

ヴェルフネ＝ヴィヤンスク（〝クラスノヤールスク―45〟）やアンガルスク（イルクーツクから北西三〇キロ）のウラン転換工場で生産された六フッ化ウランはトムスク、クラスノヤールスク、アンガルスク、ヴェルフネ＝ヴィヤンスクの濃縮工場に送られる。一九七〇～八〇年代、軍事核計画と船舶用、および研究用原子炉の燃料生産のために使われる高濃縮ウランは年間約一・五トンであったが、一九八七年に高濃縮ウランの生産は停止された。

ウラン濃縮には〝チェリャビンスク―65〟の気体拡散法（気体状の天然ウランのフッ化物＝六フッ化ウランを多段階で多孔性隔膜に拡散させて濃縮する。第一章既出）工場のほか、遠心分離法（液状、気体状の六フッ化ウランを遠心分離機にかける）が活用された。遠心分離法はおもなウラン濃縮法のなかでもっとも効率がよく、安価であると考えられてきたが、遠心分離に必要な回転数を得ることが技術的に難しく、西側でも長く実現されなかった。遠心分離法は、ソ連では第二次世界大戦中から研究されていたが、戦後も抑留ドイツ人技術者の〝協力〟のもと研究が続けられ、レニングラード・キーロフ工場の合同設計ビューローの設計技師ニコライ・シニョフらによって一九五七年、〝クラスノヤールスク―45〟の「ウラル電気化学コンビナート」に三五〇〇機からなるプラントが立ち上げられ、一九六二〜六四年には量産体制に移っている。遠心分離法が大規模に実用化された世界最初の事例である。

†核燃料

ソ連の領域内で核燃料は基本的には三カ所で生産されていた。酸化セラミックス粉末とあらゆるタイプの燃料タブレットの多くを産出したウスチ＝カメノゴルスク（カザフスタン）のウリビンスク金属工場、燃料タブレット、ВВЭР《ヴェーヴェーエエル》－1000用の燃料要素と燃料集合体を作るノヴォシビルスクの化学濃縮工場、あらゆる種類のРБМК《エルベーエムカー》、および《ВВЭР－440》用の燃料要素と燃料集合体、研究用、船舶用、そしてБН《ベーエヌ》炉用の燃料を準備したエレクトロスターリ市（モスクワから東に三〇キロ）の機械製作工場がそれである。

†使用済み核燃料の処理

使用済み核燃料の加工法は、それが使用される炉形式によって決められている。РБМКからの使用済み核燃料（六万トンのオーダー）は水槽型の貯蔵施設に入れて原発構内に置かれていただけであった。その理由はすでに述べた。船用炉、ВВЭР－440と高速中性子炉БН－350、同－600の燃料は炉から取り出された後三年間、原子炉に付属した貯蔵施設に貯えられる。その後、加工のために〝チェリャビンスク－65〟の「マヤーク」コンビナートの放射化学工場PT《エルテー》－1に送られた。プルトニウム（一九九二年六月で約三〇トン）はまた酸化物にされコンビナート構内の特別の貯蔵施設に置かれる。《BBЭP－1000》の燃料は使用が終わった瞬間から三～七年後、〝クラスノヤールスク－26〟の中央貯蔵施設に移された。《BBЭP－1000》からの使用済み核燃料は一九九三年の段階で建設中であったPT－2施設（クラスノヤールスク）で再処理される予定であった。ただし、舶用原子炉の液状、および固形廃棄物は一九六四年から二〇年間、処理・加工されることなく、それぞれ一部がバレンツ海、カラ海に捨てられていた。

†放射性廃棄物の貯蔵

燃料加工の過程で出た放射性廃棄物は、トムスクとクラスノヤールスクの深さ三〇〇～四〇〇メートルの、粘土層で隔離された地下に埋められた。チェリャビンスクでは、高レベル廃棄物（一九九〇年で三億キュリーの放射能をもつストロンチウム90、セシウム137など）は特別の貯蔵施設に保管されている。液状廃棄物は蒸気洗浄のうえ濃縮《コンセントレート》されて、その後、鋼製の覆いを持つ鉄筋コンクリート製の容器に入れられて構内に置かれる。いくつかの原子力発電所（レニングラードとイグナリーナ）は廃棄物の瀝青《れきせい》（アスファルトのような固体状、半固体状の炭水化物化合物）化装置を有している。低レベル・中レベル放射性の固形廃棄物は、原子力発電所が操業している間、事前処理なしに埋められていた。

すでに、一九七九年の段階で、ソ連〝原子炉工学の父〟ニコライ・ドレジャーリと経済学者ユーリー・コリャーキンがソ連邦共産党中央理論誌『コムニスト』に論文を発表し、原子力技術体系の高コスト・不経済性とともに、貯蔵のみならず、核燃料輸送・核燃料再処理で問題となる〝例外的なまでに高い放射能〟を憂慮し、放射性物質を原因とする土壌・水質汚染を危惧していた（第五章参照）が、ソ連解体までにこうした問題の本格的な解決をめざした方策がとられることはなかった。

5　〝プロレタリア国際主義〟

東欧〝同盟〟諸国への原発輸出が本格化する直前、そして、ニキータ・フルシチョフが失脚した直後の一九六六年三月二九日から四月八日まで開催されたソ連邦共産党第二三回大会では、〝プロレタリア国際主義〟が強調された。これは、フルシチョフ失脚後の対中関係改善を目指したものであったが、同時に東欧〝同盟〟諸国へのソ連側の配慮をにじませるものでもあった。

東欧〝同盟〟諸国出現の淵源《えんげん》は、言うまでもなく、第二次世界大戦期における東欧諸国へのソ連軍の侵攻・占領と各国における親ソ政権〝樹立〟の強行にあった。その後、スターリン治下においてこれら諸国の政治指導者にとっても〝恐怖の支配〟が続いたが、スターリン死後の〝雪解け〟以降、彼らは一定の対ソ自立性を見せることになる。他方、一九六〇年代になると西側諸国の経済成長は東側のそれを大きく超え、東欧諸国の市民に不満が蓄積されてゆくことになる。この時代以降、ソ連外交は、東欧〝同盟〟諸国の指導者たちの関心をつなぎとめるための配慮を重ねることになる（Под ред. *Нежинского* 1995）。

本章で紹介した対東欧〝同盟〟諸国エネルギー援助、および原発輸出は、このような〝プロレタリア国際主義〟のかけ声のもとに促進され、その後もソ連解体まで重要な対外政策として堅持された。

しかしながら、第二三回大会のわずか二年後、チェコスロヴァキアで巻き起こった自由化・民主化の社会・政治運動、いわゆる「プラハの春」と「ワルシャワ条約機構軍」によるその抑圧、そして、中ソ関係改善の挫折によって、この〝プロレタリア国際主義〟は暗礁に乗り上げてしまうことになった。

第七章

ビジネス化する原子力
——ソ連解体後

事故後のチェルノブィリ原発で片付け作業に従事するリクヴィダートルたち（1986年）

1　ソ連核開発四十数年の帰結

†ソヴィエト市民の原発への疑問・不信

ソ連核開発四十数年の帰結はどのようなものであったのだろうか。まず挙げられるのは、ソヴィエト市民の原発への疑問・不信の成長とソ連の政治体制への不信感の増大である。

一九七九年、政権党、ソ連邦共産党の中央理論誌で、その幹部党員、広範な知識層などに影響力のあった『コムニスト』誌上へのドレジャーリ・コリャーキン論文の登場（第五、六章）に、アメリカのスリーマイル島原発事故のニュースが重なると、新聞への投書などのかたちで、原発の安全性に疑問を呈する市民が増えていった。彼らはおざなりの地震対策、人口集中地域に近接した原発立地、放射性物質の空中飛散と水質汚染を不安視した。最初は、憲法で保障された〝市民の権利〟を行使して、地方政府などに手紙を送ることから始まった市民の対原発抗議運動は次第に組織化され、計一〇カ所で集団請願が実施され、各地でデモがおこり、専門家やメディアに影響力をもつ文化人をも巻き込んでゆく。

一九八六年に発生したチェルノブイリ原発事故の後になると、市民の原発への疑問・不信は大規模な抗議行動のかたちをとるようになった。一九八九年にはクリミヤとタタールスタンの原発建設現場で安全性確保を求めるストライキが、翌年にはウクライナの原発建設現場で市民による資材搬入阻止行動が行われ、ヴォロネジとバシキールでは住民投票の結果、原発建設計画が撤回された。これを含め、ソヴィエト市民は計三九カ所で原発建設・操業を阻止したとされる（Dodd 1994, pp. 121–130）（原発建設の中断は、いくつかの場合、資金不足のためでもあったが……（Högselius 2009, p. 260））。

さらに一九八九年には、公衆の抗議活動のため、当時「マヤーク」コンビナートで建設中であったВВЭР《ヴェーヴェーエエル》－1000型軽水炉用核燃料再処理施設＝PT《エルテー》－2の建設作業が中断され、反原発グループに衝き動かされたチェルノブィリ州政府の働きかけで、同じく「マヤーク」の核燃料再処理施設PT－1の操業が大幅に切り下げられた（Högselius 2009, p. 260）。こうした政府の原発政策への不信・反発は、やがてソ連という政治体制そのものへの疑問となり、一九九一年末のソ連解体の要因の、少なくともひとつとなった。

これが、四十数年（第二次世界大戦中の「ウラン問題プロジェクト」始動を起点とすると四八年）にわたり狂奔を続けた核開発の帰結のひとつであった。

†核兵器製造施設からの放射性廃棄物

そればかりではない。核開発はやっかいな放射性廃棄物をおびただしい量蓄積させた。

放射能の量を示すのには、放射性物質から一秒間に放射線が何回出るかを表すベクレル（Bq）という単位が用いられる。強烈な放射線を放つラジウム一グラムの放射能量を示すとして定められた（実際には誤差があったが……）単位＝キュリー（Ci）は三七〇億ベクレルにあたる。以下、これを用いて見よう。

一九九六年現在、ロシアには約六億立方メートル、放射能にして五五〇〇万テラベクレル（五五エクサベクレル。一五億キュリー）の放射性廃棄物が蓄積されていた。

放射能を基準とするとその九〇％が核兵器製造の結果生み出され、連邦原子力省の諸企業にストックされていた。兵器用核分裂性物質の製造、燃料要素の加工等にともない生じる液状の高レベル廃棄物二万五〇〇〇立方メートル、放射能にして二一〇〇万テラベクレルが「マヤーク」コンビナートの敷地内に置かれた容器に、ガラス固化された高レベル廃棄物九五〇〇立方メートル、七四〇万テラベクレルが「マヤーク」の原子炉に付属した特製の貯蔵施設に保管されていた。また、液状の低レベル・中レベル廃棄物四億立方メートル、二六〇〇万テラベクレルが容器、貯水池、貯水槽に、固形の低レベル・中レベル廃棄物一億立方メートル、四四万テラベクレルが鉄筋コンクリート製の地表貯蔵施設に保管されていた。

なお、この場合、高レベル放射線廃棄物とは、固形ならβ放射性壊変が一キログラムあたり三七億ベクレル以上、液状なら一リットルあたり三七〇億ベクレル以上の放射能を持つ廃棄物とされる。

現在はロシアとは別の独立国となったカザフスタンにソ連が残した核実験の爪痕はきわめて深刻である。同国に位置した「セミパラチンスク核実験場」と「カプスチンヤール核実験場」周辺では何十回となく核実験が繰り返され、大量の放射性物質が飛散した。結果、住民の間で白血病、種々のガンの罹病率、先天性障害のある子どもの出生率に明らかに有意な増加が見られるようになった(中国新聞、二〇〇一年一一月一一、一八、二五日付)。

†原子炉などからの放射性廃棄物

ウラン鉱石の採掘と加工の段階で廃棄される泥状混合物・沈殿物と貧鉱、あわせて一億立方メートル、放射能にして六七〇〇テラベクレルが採掘・加工現場の敷地内に、ウラン精錬－燃料要素生産の過程で出る液状・固形の廃棄物一六万立方メートル、放射能にして一五〇テラベクレルが現場のバックヤード貯蔵施設、倉庫や敷地内に置かれていた。

前章で見た〝重層的な〟核燃料サイクルのために、軽水炉を経て黒鉛炉で使用された核燃料は、もはや軍事的にも経済的にも再処理のメリットがなく、多くはそのまま現場で貯蔵されるだけであった。一九九六年の段階で、原子力発電所からの濃縮廃棄物一五万立方メートル、放射能にして一五〇〇テラベクレルが原発構内の容器ないし貯蔵庫に、同じく原発からの固形廃棄物一二万立方メートル、三七テラベクレルが原発構内の貯蔵施設に、固化された廃棄物一万六〇〇〇立方メートル、三七テラベクレルが、やはり、原発構内の貯蔵施設に貯蔵されていた。

前章で見たように、舶用原子炉からの放射性廃棄物は長く未処理のまま海洋投機されていたが、それでも原子力潜水艦の建造、運航、退役に際して生じる液状廃棄物一万六〇〇〇立方メートル、二五テラベクレル、同じく固形廃棄物一万四〇〇〇立方メートル、三三テラベクレルが沿岸の貯蔵施設、諸企業の貯蔵施設、ないし海上に浮かんだ施設に、原子力砕氷船《さいひょうせん》その他原子力輸送機関からの液状廃棄物三九〇立方メートル、放射能にして二二ギガベクレル、および固形廃棄物一五〇〇立方メートル、七四〇〇テラベクレルが沿岸の貯蔵施設に置かれていた（以上、Под ред. *Петросянца* 2000, pp. 801–802）。

前章で述べたように、トムスクやクラスノヤールスクなどで地下深くに廃棄物の一部を埋設する試みはなされているものの、まったく部分的な措置であり、膨大な量の放射性廃棄物を、現在のところ世界で合理的な〝最終処分〟と見なされている地層処分に付すのにさえ、たいへん長い時間と膨大な資金が必要となるであろう。ロシアは今後も長い年月、こうした〝過去の負債〟の処理に悩まされることになる。

†記録・回想のあいつぐ出版――過去のものとなりつつあった核開発

一九九二年、ボリス・エリツィンによるロシア連邦大統領令でソ連時代の旧秘密資料の漸次公開が指示された。以降、開発当事者の回想や開発当事者にたいするインタビュー、関係機関によるなかば〝公式の〟記録類が数多く刊行され、それらを通じて核開発の実態について、従来とは比較にならないほど大量の情報を得られるようになった。

一九九四年、核エネルギー分野の高名な工学者で、チェルノブィリ原発事故の調査にもあたったヴィクトル・シドレンコが編集した、原子力平和利用最初期の実態を明らかにした資料集『ソ連邦における原子力平和利用の歴史に寄せて――文書と資料』（Под ответ. ред. *Сидоренко* 1994）が、世界最初の原子力発電所、オブニンスク原発に附属する物理エネルギー研究所から刊行され、九五年には、原子力省などの編集による公的記録として『最初のソ連製核爆弾の製造』（Министерство... 1995）が、また、いわゆる〝アルザマス－16〟の中核をなす研究機関「全ロシア実験物理学研究所」により、公的記録『ソヴィエト原子力計画——原子力の独占の終焉、それはどのようなものであったか』（Всероссийский… 1995）が刊行された。長年、ソ連時代の原子力工業担当官庁、中型機械製作省（ミンスレドマシ）に勤務した高級技術者アルカージー・クルグロフによる通史的記録『どのようにしてソ連で原子力工業は生まれたのか』（*Круглов* 1995）が刊行された。クルグロフは、後日、核開発に携わった指導者、幹部たちの業績をまとめた『原子力工業の参謀たち』（*Круглов* 1998）も出版している。

一九九六年にはソ連時代原子力分野最高の研究機関であった「クルチャートフ研究所」（イーゴリ・クルチャートフ名称原子力研究所から改名）などの主催で、核開発初期の歴史に焦点を当てた国際シンポジウム「科学と社会——ソヴィエト原子力計画の歴史（一九四〇年代〜五〇年代）」が開催され、三巻からなるプロシーディングズが編纂された（«Труды… "ИСАП-96"» 1997）。

こうした公的、なかば公的な記録、資料集の刊行と並んで、科学史研究者によるソヴィエト核開発史研究も登場した。現代ロシアを代表する科学史家ヴラジーミル・ヴィズギンが責任編集者となった『ソヴィエト原子力計画史——文書・回想・研究』（Под ответ. ред. *Визгина* 1998, 2002）はその第一巻が一九九八年に刊行された（第二巻は別の出版社から、ようやく二〇〇二年に刊行された）。

きわめつきは、ソ連時代の原子力工業担当官庁等を引き継いだロシア連邦原子力省や核開発研究のセンターとなった各地の研究所の文書館に所蔵されている文書資料を、それらに勤務するアーキヴィスト（公式文書記録係）やヒストリアン（公式年代記編纂者）が編纂した浩瀚《こうかん》・大部な資料集『ソ連の原子力計画——文書と資料』（«Атомный проект СССР» 1998-2010）全三部一二巻の刊行であろう。編纂・刊行には一九九八年から二〇一〇年まで一三年の歳月を要した。しかし、これにより、間接公開というかたちをとりつつもソ連の核開発に関する資料公開は決定的に進んだと言えよう。

一九九〇年代、ソ連解体後の未曽有の経済混乱、冷戦終結ムード、チェルノブィリ原発事故による原子力開発当事者の自信喪失・権威失墜のなかで、以前のように潤沢な資金を湯水のように贅沢に使って、ロシア最高級の頭脳が軍民両方の核開発に後顧の憂いなくいそしむことなど、もはやありえないと思われていた。公的記録の編纂、重要人物の回想には、過去、長期にわたり秘密にされてきた事実を記録に残し、自分たちの事績がロシア市民に後世顕彰《けんしょう》されるよう、これを未来に伝えようとするエートスが看取された。事実、二〇〇四年三月九日、ロシア連邦原子力省は「連邦原子力庁」に格下げされ、奔騰《ほんとう》した核開発は過去のものとなりつつあることが実感された。

2 〝ニュークリアー・ルネッサンス〟

†〝原子力エリート〟の反撃

ロシア連邦はソ連の原子力発電設備能力の八〇％を引き継ぎ、アメリカ、フランス、日本に次ぐ原発大国であった。原子力の分野でソ連がロシアに残したものは核兵器や原発だけではなかった。冷戦下で長年にわたって形成されてきた軍民双方に関わる、党・政府の膨大な官僚群、高級軍人、科学者・技術者集団、その他関係者からなる一大利害集団、いわば〝原子力エリート〟とも称すべきエスタブリッシュメントもソ連から引き継いだ。

彼らは活発なロビー活動の成果、ヴラジーミル・プーチン麾下《きか》のロシア政府に、原子力工業の巨大なポテンシャルを積極的に活かした経済政策をとらせることに成功する。一九九八年の国際金融危機、そしてロシア通貨危機からの回復策のひとつとして、二〇〇〇年、原子力省は一〇年間で二万トンの使用済み核燃料の貯蔵、再処理を請け負い、これによって総売上高二一〇億米ドル、費用と税を差し引いて七二億ドルを手にする見込みであった。

ソ連解体直後の一九九三年、アメリカとの間で、通称「メガトンをメガワットに」協定を結び、一万三〇〇〇発の核弾頭から総計三三七トンの高濃縮ウランを取り出し、原子炉の混合酸化物燃料（MOX燃料）の材料のひとつとして、二〇年間にわたりアメリカに引き渡すという、よくいえば核軍縮の一環、その実、冷戦の〝敗戦処理〟、ないし核物質の不正移送を怖れた〝斜陽産業〟救済策のような〝取引〟が成立していたが、二〇〇〇年のこの計画はこれとは次元を異にし、原子力分野における国際ビジネスとしての積極的な展開を志向するものであった。

国内的にも原発建設がふたたび進められるようになった。二〇〇一年にはヴォルゴドンスク一号炉（ロストフ）、二〇〇四年にはカリーニングラード三号炉が運転を開始し、二〇〇六年には、ロシア政府は、二〇三〇年までに二〜三ギガワット時級の原発を毎年増設する野心的な計画を策定し、翌年、原子力関連事業の全面的な商業化を見越して、政府機関＝連邦原子力庁を政府持ち株会社「ロスアトム」に再編した。社長にはセルゲイ・キリエンコ原子力庁長官（一九九八年金融危機のときは首相であった）が横滑りした。これは、順調な天然ガス輸出を一層促進するために、国内の需要（電力価格を抑えるために多額の補助金が支出されていた）を抑え、かつ老朽化していた発電設備の更新を促進するためでもあった。二〇〇七年には、原発の設備能力は一六〇〇億キロワット時、国内発電総量に占めるその割合は一六％になった（Pomper 2009, pp. 3-4）。

†核燃料輸出

ロシア領内で採掘可能なウランの埋蔵量は世界の五%にあたる一七万二三六五トンと見積もられている。二〇〇七年、ロシアは低品位ながら毎年三五〇〇トンのウランを供給し、カナダ、オーストラリア、カザフスタンに次ぐ、世界第四位のウラン産出国となった。

ロシアはまた、世界のウラン濃縮能力の四〇%以上、三・五%濃縮ウランを二万四〇〇〇トン製造する能力を有していた。国内で採掘されたウラン鉱石は、ノヴォウラリスク(以前の〝スヴェルドロフスク－44〟)、ジェレズノゴルスク(以前の〝クラスノヤールスク－45〟)、イルクーツクに近いアンガルスク、およびトムスクに近いセヴェルスク(「シベリア化学コンビナート」)の四カ所で濃縮される。このうち、ジェレズノゴルスクとアンガルスクの施設が外国向けに輸出される濃縮ウランの製造をおもに担当している。

核燃料の加工は、エレクトロスターリとノヴォシビルスク、二カ所の施設でおこなわれる。二カ所あわせた加工能力は年間二六〇〇トンであった。ノヴォシビルスクの施設はおもに国内の《ВВЭР《ヴェーヴェーエエル》－４４０》、および《同－１０００》用の燃料集合体を製造し、エレクトロスターリの施設は輸出用の燃料集合体も製造していた(Pomper 2009, pp. 6–8)。

†国際ビジネスへ

ロシアの原子力工業は早くからアメリカのコントロールが利かない国々を取引相手としていた。イラン南西部の湾岸都市ブーシェフルに建設されようとしていた原子力発電所のために技術（ウラン濃縮）を提供し、専門家の訓練を引き受けようとしていた。これはアメリカの圧力で沙《さ》汰《た》止《や》みとなったが、インドにはアメリカ製原子炉二基のための核燃料を供給していた（Pomper 2009, pp. 6-8）。しかし、本格的な国際ビジネスとしての展開は二〇〇六年ころからである。

二〇〇六年、ロシアは「グローバル・ニュークリアー・インフラストラクチュア構想」を打ち上げ、アンガルスクに「国際ウラン濃縮センター」を設立し、核燃料輸出、使用済み核燃料の再処理と貯蔵、核技術者の訓練、共同研究開発の四つのサービスを提供しはじめた。翌年九月には、国際ウラン濃縮センターを合弁企業とし、諸国から出資を募った。二〇〇八年七月までにカザフスタン、アルメニア、そしてウクライナがこれに応じた。

これは、アメリカのジョージ・ブッシュJr政権の「グローバル原子力パートナーシップ構想」にも合致したものであった。この構想は、米ロ両国など核の技術を持つ国が、濃縮・再処理に取り組まないことを選んだ国々に核燃料をリースする世界市場の枠組みに関するものであった。二〇〇六年七月、サンクト＝ペテルブルクで開催された「サミット」首脳会議の場で基本構想が米ロ間で確認され、翌年七月、ブッシュとプーチンが、核拡散につながる核技術の広がりを避けつつ、原子力の一層の拡大を推進することで合意した(Pomper 2009, pp. 11-13)。

†「ロスアトム」の現在

二〇二一年末現在、ロシアの原子力による発電総量は二二二四億三六〇〇万キロワット時、電力総生産量に占める原発の割合は一九・六六％である。原発輸出も堅調で、二〇二一年現在、トルコ、ベラルーシ、インド、ハンガリー、バングラディシュ、中国、フィンランド、エジプトなどから三五基の原子炉、三基の原子力エネルギー設備（内容不詳）の建設を受注している。世界に供給される核燃料の製造のシェアでは一七％を占める（「ロスアトム」のホームページ）。

チェルノブィリ原発事故、そして、ソ連解体以降、衰退に向かいつつあったロシアの原子力工業は、二〇〇六～〇七年、〝ニュークリアー・ルネッサンス〟と呼ばれたのにふさわしい政策転換を経て、世界有数の国際原子力企業集団として甦《よみがえ》り、今日にいたっている。

おわりに

†〝原発大国〟ウクライナ

最後に、ふたたびチェルノブイリ原発事故が起こったウクライナに立ち返ってみよう。ウクライナ電力産業の原発依存率は高く、二〇一七年現在、同国の電力の五五％が原発によるものであった。ロシアをはるかに超える〝原発大国〟である。ウクライナは、ドンバス（ドネツ炭田）の豊富な埋蔵量を誇る石炭資源で有名であるが、戦前は、ソ連全域で褐炭などの粗悪炭が燃料資源として広範に活用され、ドンバスの品質の良い石炭はおもに製鉄業などに利用されていた。石油・ガス利用が進んだ戦後も、ドンバスの石炭のおもな用途は、引き続き製鉄用燃料として、ロシアのウクライナ侵攻における激戦で有名になったアゾフ製鉄所（アゾフスターリ）などで利用された。

戦後ウクライナで含ウラン鉱が発見され、ソ連の初期核開発を支えた。全ソのウラン採掘総量に占めるウクライナの比重は、カザフスタンなどで資源開発が進むにつれて低下したが、有力なウラン資源供給源ではありつづけた。しかし、ウクライナは全体として燃料資源の乏しい地域であり、原発の大量導入が期待され、一九七〇年代後半から八〇年代にかけて多くの原子力発電所がウクライナに立地することになった。

ウクライナ共和国電力相アレクセイ・マクーヒンは黒鉛チャンネル炉の安全性に不安を感じつつも、軽水炉開発の停滞から、ウクライナ最初の巨大原発チェルノブィリに大型の黒鉛チャンネル炉《РБМК《エルベーエムカー》－１０００》を導入することを決めたと言う（*Медведев, Г.* 1989, pp. 96, 97）。同原発は一九七七年に操業を開始した。同原発は《РБМК－１０００》を四基まで増設し、本書冒頭に記したように一九八六年四月二六日、巨大事故を迎える。しかし、チェルノブィリ原発がすぐに閉鎖されることはなく、ヨーロッパ連合（ＥＵ）の働きかけによりようやく二〇〇〇年に閉鎖された。ウクライナの電力事情がチェルノブィリ原発の即時閉鎖を許さなかったのである。

マクーヒンの証言はチェルノブィリ原発事故後に実施されたインタビュー記事によるもので、その信憑性に疑問符が付くが、確かにウクライナの電力産業当事者は、チェルノブィリ原発以降新規に建設された原発すべてに黒鉛チャンネル炉ではなく、軽水炉を導入している。一九七三年に計画され、八一年に操業を開始したロヴノ原発一号炉と二号炉には

《ВВЭР-440《ヴェーヴェーエエル》》型級軽水炉が導入されたものの、七五年に計画され、八二年に操業を開始した南ウクライナ原発には三基、八一年に計画され、八四年に操業を開始したザポロージェ原発には、最終的に六基、同じく八一年に計画され、八七年に操業を開始したフメリニツキー原発には二基の《ВВЭР-1000》型大出力軽水炉が設置され、ロヴノの三号炉、四号炉にもこのタイプの炉が利用された。

ソ連解体後、西側企業が核燃料の提供や使用済み核燃料処理でウクライナ市場に参入するようにはなっていたが、そもそもの原発依存率の高さ、チェルノブィリ原発以外はすべて軽水炉を導入していたことから、ウクライナはソ連製原子炉をその〝独立〟＝ソ連邦からの離脱以降も三〇年の長きにわたって使い続け、二〇二二年二月二四日からのロシアによるウクライナ侵攻にともない、そのいくつかが砲火に曝され、軍靴に蹂躙《じゅうりん》されて、人類はチェルノブィリ原発事故、福島第一原発事故に続く第三の巨大原発災害を危惧するようになった。

†冷戦とソ連の核開発

核兵器開発で〝二番手〟となるソ連は、アメリカによる核兵器独占をこの上ない体制の危機ととらえ、あらゆる危険も顧みず、拙速《せっそく》と疎漏《そろう》を重ねながら、総力を挙げてその開発に邁進した。米ソ両国における核兵器・核弾頭の研究開発・製造は、一定の〝緊張緩和〟（デタント）が進む一九六〇年代半ばまで著しく拡大し、核弾頭は一時一〇万発を超えるにいたった。核弾頭を敵に向かって効果的に投下するためのミサイルや原子力潜水艦などの兵器・装備体系の構築も強力に進められた。その後ソ連は、アメリカとの核軍拡競争に勝利するための核兵器製造施設群の壮大な展開、ウラン資源開発、核弾頭運搬手段としてのミサイルや原子力潜水艦の開発に狂奔した。

冷戦初期、当事国の市民の間に一種のマスヒステリア現象が広がっていった。一般市民の間に形成された冷戦の精神的風潮「冷戦気候」によって科学者が追い込まれ、あるいは時流に流され、あるいは苦悩する様子も近年の研究によって明らかになっている。アメリカにおけるマッカーシズムと比較すると小規模ながら、ソ連においては、一連の「学問分野別討論」キャンペーンが、ごくひとにぎりの勇気ある科学者を除いて、多くの科学者を冷戦型の研究開発事業に追い込んでゆく背景となった。

一九五〇年代、あいつぐ水爆実験による放射性降下物の危険性が問題となり、世界中で高まった核軍拡を憂慮する声に〝応え〟、かつ、世界の市民に自国の科学力をアピールすべく、米ソ両国は原子力平和利用も展開した。一九五三年一二月八日、アイゼンハワー米大統領は国連で原子力の平和利用を推進することを表明した（いわゆる「アトムズ・フォー・

ピース」演説)。

しかし、原子力平和利用に先鞭《せんべん》をつけたのはソ連であった。ソ連では、既知の黒鉛炉を極限にまで小型化・軽量化し潜水艦に利用しようとしたが、その構想は早々に頓挫する。思いがけなく余剰原子炉となった原子炉は原子力〝平和〟利用の世界的な先駆例として、民生用発電所に利用されることとなった。熱出力三〇メガワット、電気出力五メガワットにすぎないこの炉は一種の実験・展示施設として役立つのみであったが、それでも、世界初の原子力発電所は国内外の耳目を集めることとなる。とくに、この原子力発電所はアジアの指導者たちの称賛を呼ぶアピール力をもっていた。

†ソ連の経済停滞、エネルギー危機と原子力平和利用

ここまでが、冷戦ファクターによる核開発であるとすれば、一九六〇年代後半からの原子力〝平和〟利用の展開はソ連の深刻な経済停滞・エネルギー危機を背景としている。効率の良い原子力発電の展開を危機打開の手段と位置づけ、危険性を訴える警告の声にも耳を傾けず、ソ連政府、原子力工業、関連する官庁の幹部、科学者たちは、ソ連独自の炉型＝いわゆる黒鉛チャンネル炉の開発と大型化、そして、軽水炉の開発と大型化に取り組み、高速中性子炉、核融合炉開発の〝夢〟を追った。

その間ソ連政府と科学者たちは、同盟諸国にたいして、原子核物理学・素粒子物理学分野における〝国際協力〟、中国の核武装への援助、対東欧〝同盟〟諸国への原子力発電技術供与を進めた。

しかし、チェルノブィリ原発事故に先行してソヴィエト市民の原発への疑問・不信は高まり、ソ連政治体制の危機のひとつの要因となった。それにもかかわらず、ソ連の後継国家ロシアの原子力産業は二一世紀になってしたたかに息を吹き返し、国際的にビジネス展開するにいたった。

†〝原子力共産主義〟？

ソ連史・ロシア史に造詣の深い科学史家ポール・ジョゼフソンはソ連の社会体制を〝原子力共産主義（Atomic-powered communism）〟と定義した。ソ連の政治指導者、科学者らの言説に現れた生産力信仰、科学＝技術崇拝の理念に、原子力平和利用が切り拓こうとしていた夢のような〝未来像〟が合致していたと考えたからである（Josephson 2000）。

しかし、本書が明らかにしたように、ソ連における核兵器開発・核軍拡も、原子力平和利用も、〝夢〟や〝未来像〟ではなく（それらが語られることはままあったにせよ）、ソ連という歴史的存在が直面した折々の具体的な政治的・経済的課題に左右されていた。その最たるものが、東西冷戦であった。その意味で、ソ連の核開発は、アメリカのそれとエコーした、時代の狂気なしでは理解できない現象でもあった。

ロシア語で事故は「アヴァーリヤ（авария）」という。しかし、手の施しようがない、過酷な惨事にたいしては、おうおうにして破局を意味する「カタストローファ（катастрофа）」という語が使われる。ロシア人にとって、チェルノブィリ原発事故は、間違いなく、そのような「カタストローファ」であった。ロシア軍の手荒な扱いによってウクライナの原発、とりわけザポロージェ原発で事故が発生すれば、それは「カタストローファ」になるに違いない。

また、核兵器がウクライナで使用される可能性も排除できていない。核兵器開発で二番手となったソ連、その後継国家ロシアは、開発のみならず、その使用においても〝二番手〟となるのであろうか。

本書はこうした重大な危機局面、人類史的岐路ともなりうる状況下で執筆された。

（二〇二二年八月中旬脱稿）

あとがき

「私たちは長田先生を通じて今日、国際的な役割をもつソ同盟の、特に子供たちが、私たち広島の少年少女原爆の子のこの誓いに賛同され共に闘われんことを望みます」。

日ソ国交回復に先立つ一九五五年五月、ソ連邦科学アカデミーの招きに応じて日本学術会議は会長茅誠司を団長とする代表団をモスクワに派遣した。広島で被爆した子どもたちの体験記を集めた『原爆の子』（初版は一九五一年）の編集者で、広島大学教育学部の名誉教授であった長田新《おさだあらた》もこの代表団のひとりであった。長田は広島から「広島原爆の子友の会」の「ソ同盟の、とくに子供たちへ」と題する手紙（一九五五年五月一日付）をモスクワに持参し、ソ連邦科学アカデミーに手交した。冒頭の一文はその一節である。ここにある「ソ同盟」とは、この場合、ソ連邦のやや古風な呼称である。また「この誓い」とは、言うまでもなく、核兵器廃絶に向けた行動の決意のことである。広島から来たわたしは、六〇年前に広島から発せられたこの手紙をモスクワの科学アカデミー文書館で偶然目にし、粛然とした気持ちにとらわれた（Архив РАН, Ф. 579, Оп.1, №65, л.88）。

科学史家を含め、歴史家の仕事が、過去にさかのぼって、現状の問題の淵源、いわば〝躓きの原点〟を探り、〝ありえた歴史のオルタナティヴ〟を提示することで、現代にたいする根源的な批判を試みることにあるとすれば、わたしなりに、二〇世紀の人類を脅かした核の脅威を避けえた〝歴史のオルタナティヴ〟を提示しなければならない。

広島に原爆が投下されるとただちに、そして決然とローマ法王庁が遺憾の意を表明した。アメリカ国内でも、一九四六年三月には米国キリスト教連合協議会が原爆の対日使用を遺憾とする声明を発した。一九四六〜四七年、こうしてアメリカ国内外で原爆投下を批判、ないし疑問視する世論が広がっていた。一九四六年六月一九日、国連原子力委員会の場でソ連政府を代表してアンドレイ・グロムィコ外務次官は、原子兵器の使用、製造、貯蔵を「人類にたいする最も重大な国際犯罪である」として「原爆の製造・使用禁止」を提案した。

このとき、ソ連があえて核武装せず、原爆に反対し世界の平和を希求する声の側に立ち続けていれば、その後の核軍拡競争の脅威、原子力〝平和〟利用の挫折もありえず、おそらく世界は今日眼にするものとはずいぶん違っていたであろう。

東西冷戦の狂気、スターリン治下のソ連にそのような選択肢がなかったことは承知しながらも、わたしは、被爆地に長く暮らすもののひとりとして、この〝甘い夢想〟に未練を抱いている。

故藤井晴雄（筆名・木下道雄）、今中哲二両先達には今回も〝導きの糸〟を垂れかけていただいた。山崎正勝、舘野淳両先生らが率いる「原子力技術史研究会」からも有益な知見を数多く得ることができた。また、核の諸問題に旺盛に取り組んでいる同僚友次晋介、中尾麻伊香両氏からも貴重な啓示をいただいた。そのほか多くの方のご教示、ご助言に本書が負うところは大きい。これらの方々に改めて感謝したい。

本書の構想は、筑摩書房の加藤峻氏から突然の要請を受けた時点に始まる。加藤氏には、わたしのような地方大学の一教員の仕事にご関心を持っていただけたこと、ならびにその後の懇切丁寧で的確な編集指導に心から感謝申し上げる。

広島に来なければこのようなテーマで研究することもなかったであろう。その意味で、本書は三三年余り勤務した広島大学への、筆者なりの〝卒業論文〟でもある。

二〇二二年盛夏、七七回目の原爆忌を迎えた広島で……

市川　浩

参考文献

邦語文献

安孫子誠也『歴史をたどる物理学』東京教学社、一九八一年

市川浩『科学技術大国ソ連の興亡――環境破壊・経済停滞と技術展開』勁草書房、一九九六年

市川浩『冷戦と科学技術――旧ソ連邦 1945〜1955年』ミネルヴァ書房、二〇〇七年

市川浩「第6章　ソ連版「平和のための原子」の展開と「東側」諸国、そして中国」、加藤哲郎・井川充雄編『原子力と冷戦――日本とアジアの原発導入』花伝社、二〇一三年、一四三〜一六五頁

市川浩「第10章　結びに代えて――チェルノブィリ原発事故を緒に原子力技術史を考える」、原子力技術史研究会編『福島事故に至る原子力開発史』中央大学出版部、二〇一五年、一六四〜一七四頁

市川浩「第I部・第2章　オブニンスク、一九五五年――世界初の原子力発電所とソヴィエト科学者の〝原子力外交〟」、若尾祐司・木戸衛一編『核開発時代の遺産――未来責任を問う』昭和堂、二〇一七年、二六〜五〇頁

市川浩「〝東側の原子力〟――1960〜1980年代、原子力分野における旧ソ連邦から東欧〝同盟〟諸国への科学技術協力について」、広島大学平和センター『広島平和科学』第四〇号、二〇一九年、二〜一五頁

市川浩「原子力〝平和〟利用と20世紀社会主義」、日本科学史学会『科学史研究』第Ⅲ期第五八巻二九二

号、二〇二〇年、四〇〇～四〇五頁
市川浩「チェルノブィリ余聞――〝わたしの心はかなしいのに、ひろい運動場には白い線がひかれ…〟（中野重治）」、「非核の政府を求める京都の会」情報誌『NO NUKES まちの便り まちの声』第一二号、二〇二〇年、七～八頁
市川浩「第四章 〝乗り越えられなかった壁〟――一九五〇年代末～六〇年代初頭のソ連における放射線影響研究」、若尾裕司・木戸衛一編『核と放射線の現代史――開発・被ばく・抵抗』昭和堂、二〇二一年、七二～九五頁
市川浩「ソ連における初期ウラン資源開発」、広島大学平和センター『広島平和科学』第四二号、二〇二一年、一～一二頁
市川浩「〝原子力国家〟ソ連とウクライナ」『現代思想』第五〇巻第六号、二〇二二年、二四二～二四七頁
市川浩「原子力と平和――核大国ロシアの原発大国ウクライナの侵攻を機に考える」、総合社会福祉研究所『福祉のひろば』二〇二二年八月、二四～二九頁
今中哲二『放射線汚染と災厄――終わりなきチェルノブィリ原発事故の記録』明石書店、二〇一三年
大沼正則『科学の歴史』青木書店、一九七八年
梶雅範「化学大家四三〇――リーゼ・マイトナー（1878.11.7～1968.10.27）」『和光純薬時報』第八二巻四号、二〇一四年、二八～三一頁
木戸衛一「第六章 東独のなかの『原子力国家』――ウラン採掘企業『ヴィスムート』の遺産」、若尾祐司・木戸衛一編『核開発時代の遺産――未来責任を問う』昭和堂、二〇一七年、一六四～一九二頁
栗林輝夫『原子爆弾とキリスト教――広島・長崎は「しょうがない」か？』日本キリスト教団出版局、二〇〇八年

コリアー，J・G・「第4章　軽水炉」（斎藤伸三訳）、W・マーシャル編『原子力の技術1――原子炉技術の発展（上）』（住田健二監訳）、筑摩書房、一九八六年、二六九～三八五頁
ソヴェト研究者協会編訳『ソヴェト同盟共産党第19回大会議事録』五月書房、一九五三年
高橋博子『封印されたヒロシマ・ナガサキ――米核実験と民間防衛計画』凱風社、二〇〇八年
武谷三男編『原子力発電』岩波新書、一九七六年
土屋由香「第2章　アイゼンハワー政権期におけるアメリカ民間企業の原子力発電事業への参入」、加藤哲郎・井川充雄編『原子力と冷戦――日本とアジアの原発導入』花伝社、二〇一三年、五五～八五頁
ドロヴェニコフ，イーゴリ・S・「ソヴィエトの核科学者たちの倫理的モティヴェーションについて」、広島大学総合科学部編（市川浩・山崎正勝責任編集）『〝戦争と科学〟の諸相――原爆と科学者をめぐる2つのシンポジウムの記録』丸善出版、二〇〇六年、二五～三六頁
中川保雄『増補 放射線被曝の歴史――アメリカ原爆開発から福島原発事故まで』明石書店、二〇一一年
中沢志保『オッペンハイマー――原爆の父はなぜ水爆開発に反対したか』中公新書、一九九五年
ヒギンボタム，アダム『チェルノブィリ――「平和の原子力」の闇』（松島芳彦訳）、白水社、二〇二二年
広島大学総合科学部編（市川浩著）『核時代の科学と社会――初期原爆開発をめぐるヒストリオグラフィー』丸善出版、二〇二二年
福田宏「原発推進国家としてのチェコとスロヴァキア――旧東欧諸国における原子力政策の事例研究」、成城大学法学会編『変動する社会と法・政治・文化』信山社、二〇一九年、二九七～三一九頁
藤井晴雄『ソ連・ロシアの原子力開発――1930年代から現在まで』東洋書店、二〇〇一年
ホフマン，クウラス『オットー・ハーン――科学者の義務と責任とは』（山崎正勝・小長谷大介・栗原岳史訳）シュプリンガー・ジャパン、二〇〇六年

ホロウェイ，デヴィッド「第5章　破滅への競争─戦略的戦争に関するソ連の見解（一九五五～一九七二）」（金成浩訳）、ゴーディン、マイケル・D、アイケンベリー、G・ジョンほか『国際共同研究　ヒロシマの時代──原爆投下が変えた世界』（藤原帰一・向和歌奈監訳）、岩波書店、二〇二二年、七一～八八頁
前芝確三『原子力と国際政治──共存か共滅か』東洋経済新報社、一九五六年
松戸清裕『ソ連史』ちくま新書、二〇一一年
メドヴェジェフ，ジョレス『チェルノブィリの遺産』（吉本晋一郎訳）、みすず書房、一九九二年
メドヴェージェフ，ジョレス＆ロイ（兄弟）『回想　1925─2010』（佐々木洋監訳・天野尚樹訳）、現代思潮新社、二〇一二年
メニシコフ，ヴァレリー、ゴルボフ，ボリス「地下核実験が生態環境に与えた影響（その1）」（徳永盛一訳）、『原子力eye』第四四巻四号、一九九八年、八〇～八三頁
メニシコフ，ヴァレリー、ゴルボフ，ボリス「地下核実験が生態環境に与えた影響（その2）」（徳永盛一訳）、『原子力eye』第四四巻六号、一九九八年、四一～四四頁
山崎正勝・日野川静枝編著『増補　原爆はこうして開発された』青木書店、一九九七年
ローズ，リチャード『原子爆弾の誕生──科学と国際政治の世界史（上・下）』（神沼二真・渋谷泰一訳）啓学出版、一九九三年
ローズ，リチャード『原爆から水爆へ──東西冷戦の知られざる内幕（上・下）』（小沢千重子・神沼二真訳）、紀伊國屋書店、二〇〇一年
BBC（鈴木隆之監修）『世界に衝撃を与えた日09──マンハッタン計画の始まりとチェルノブィリ原発事故』（DVD）キュービカル・エンタテインメント、二〇〇六年

英語文献

Cochran, Thomas B., Robert S. Norris and Oleg A. Bukharin, *Making the Russian Bomb: From Stalin to Yeltsin*. Boulder, Colorado: Westview Press, 1995.

Dodd, Charles K. *Industrial Decision-Making and High-Risk Technology: Siting Nuclear Power Facilities in the USSR*. Lanham, Maryland: Rowman & Littlefield Publisher, 1994.

Hamblin, Jacob Darwin, and Linda M. Richards, "Beyond the *Lucky Dragon*: Japanese Scientists and Fallout Discourse in the 1950s." The History of Science Society of Japan, *Historia Scientiarum*. Vol. 25, No. 1 (2015). pp. 36-56.

Harris, J.C. ed. *The Initial Effects of Ionizing Radiations on Cells: A Symposium held in Moscow, October, 1960, supported by UNESCO and the IAEA and sponsored by the Academy of Sciences of the U.S.S.R.* London and New York: Academic Press, 1961.

Högselius, Per, "Spent nuclear fuel policies in historical perspective: An international comparison." *Energy Policy*. 37 (2009). pp. 254-263.

Higuchi, Toshihiro, *Political Fallout: Nuclear Weapons Testing and the Making of a Global Environmental Crisis*. Redwood City, California: Stanford University Press, 2020.

Jones, Matthew, *After Hiroshima: The United States, Race and Nuclear Weapons in Asia, 1945-1965*. Cambridge, UK: Cambridge University Press, 2010.

Josephson, Paul R. *Red Atom: Russia's Nuclear Power Program from Stalin to Today*. Pittsburg, PA: University of Pittsburg Press, 2000.

Krementsov, N. *Stalinist Science*, Princeton, New Jersey: Princeton University Press 1997.

Krige, John, "Atoms for Peace, Scientific Internationalism, and Scientific Intelligence." *OSIRIS*, 21, no.1, 2006, pp. 161–181.

Malloy, Sean, *Atomic Tragedy: Henry L. Stimson and the Decision to Use the Bomb against Japan*. Ithaca, NY: Cornell University Press, 2008.

Nakao, Maika, Takeshi Kurihara, and Masakatsu Yamazaki, "Yasushi Nishiwaki, Radiation Biophysics, and Peril and Hope in the Nuclear Age." *Historia Scientiarum*. Vol. 25, No. 1 (2015). pp. 8–35.

Office of Technology Assessment, *Technology and Soviet Energy Availability*. Boulder, Colorado: Westview Press, 1982.

Oreskes, Naomi, "Science in the Origin of the Cold War." Oreskes, Naomi and John Krige ed. *Science and Technology in the Global Cold War*. Cambridge, Massachusetts, London: The MIT Press, 2014. pp. 11–29.

Pomper, Miles, "The Russian Nuclear Industry: Status and Prospects." *Nuclear Energy Futures Papers*. No.3, January 2009. pp. 2–35.

Schmid, Sonja D. *Producing Power: The Pre-Chernobyl History of the Soviet Nuclear Industry*. Cambridge, Massachusetts, London: The MIT Press, 2015.

中国語文献

李覚元ほか編『当代中国的核工業』中国社会科学出版社、一九八七年〔簡体字は日本の漢字に直している〕

露語文献

Бухарин, Олег А. «Ядерный топливный цикл в бывшем СССР и в России: Структура, возможности, перспективы.» (2-е издание, дополненное и переработанное). Москва: Ассоциация содействия нераспространению, сентябрь 1993г.

Визгин, В.П. "Нравственный выбор и ответственность ученого-ядерщика в истории советского атомного проекта." «Вопросы истории естествознания и техники». №3, 1998г.

Всероссийский научно-исследовательский институт экспериментальной физики, «Советский атомный проект: Конец атомной монополии. Как это было...». Саров: 1995г.

Вовуленко, В. "Вступительная статья." //*Дж. Аллен*, «Атомная энергия и общество». Москва, 1950г. С.5-19.

Гладков, К.А. «Энергия атома». Москва: Детгиз 1958.

Гуськова, А.К. «Атомная отрасль страны глазами врача». Москва: Реальное Время, 2004г.

Доброхотов, В.И. и *А.А. Троицкий,* "Технический прогресс в теплоэнергетике и топливно-энергетический баланс." «Теплоэнергетика». №7, 1976г. С. 3-12.

Доллежаль, Н. и *Ю. Корякин,* "Ядерная электроэнергетика: Достижения и проблемы." «Коммунист». №14 (сентябрь) 1979г. С.19-28.

Доллежаль, Н.А. «У истоков рукотворного мира (записки конструктора)» (2-е издание). Москва: Издательство ГУП НИКИЭТ, 1999г.

Козлова, А.В. и Е.И. Воробьёв, «Клиника и лечение повреждений возникающих при взрыве атомной бомбы [Текст]». Москва: Медгиз, 1956.

Круглов, А.К. «Как создавалась атомная промышленность в СССР». Москва : ЦНИИАТОМИНФОРМ, 1995г.

Круглов, А.К. «Штаб Атомпрома». Москва : ЦНИИАТОМИНФОРМ, 1998г.

Курчатов, И.В. «Собрание научных трудов». Том 6. Москва : Наука, 2013г.

Легасов, В.А. "Мой долг рассказать об этом... : Из записки академика В. Легасова." «Правда». 20 мая 1988г. С.3–8.

Лившин, А. и *И. Орлов,* «Власть и общество : диалог в письмах» Москва : РОССПЭН, 2002г.

Медведев,Г. "Некомпетентность." «Коммунист» No. 4, 1989г. : "Интервью с А. Макухиным." С.96,97.

Министерство Российской Федераций по атомной энергии и др. «Создание первой советской ядерной бомбы». Москва : Энергоатомиздат, 1995.

Негин, Е.А. и *Ю.Н. Смирнов,* "Русский с китайцем – братья навек..." «"Наука и общество" : История Советского атомного проекта— труды международного симпозиума (Дубна, 14–18 мая 1996)—». Москва : Изд-АТ, 1997. С.303–315.

Петросьянц, А.М. «Современные проблемы атомной науки и техники в СССР». Москва : Атомиздат, 1976.

Под ответ. ред. *Визгина, В.П.* «История советского атомного проекта : докумены, воспоминания, исследования». Выпуск 1. Москва : "Янус-К", 1998 ; Выпуск2. Санкт-Петербург : Изд-во Русского Христианского гуманиторного института. 2002г.

Под общ. ред. *Лебединского, А.В.* «Советские ученые об опасности испытаний ядерного оружия». Москва : Атомиздат 1959г.

Под общ. ред. *Нежинского, Л.И.* «Советская внешняя политика в годы "Холодной войны" (1945–1985) : Новое прочтение». Москва : Издательство "Международные отношения", 1995.

Под ред. *Петросьянца, А.М.* и *др.* «Ядерная индустрия России». Москва: Энергоатомиздат. 2000.

«Атомный проект СССР: Документы и материалы» в Ⅲ-х тт.-12 кн. (под общ. ред. *Рябева, Л.Д.*) Москва-Саров: Наука-Физматлит, 1998-2010.

Под ответ ред *Сидоренко, В.А.* «К истории мирного использования атомной энергии в СССР 1944-1951 (Документы и материалы)». Обнинск: ГНЦ Физико-энергетический институт. 1994.

«Труды Международного симпозиума "ИСАП-96": "Наука и общество": История Советского атомного проекта (40-е - 50-е годы)». Том 1 (1997г.), Том 2 (1999г.), Том 3 (2003г.). Москва: ИздАт. 1997. *

Шепилов, Д. «Непримкнувший», Москва: Вагриус, 2001.

Центральный научно-исследовательский институт (ЦНИИИ) информации и технико-экономических исследований по атомной науке и технике, «Атомная энергетика в социалистических странах (Обзор составлен по материалам зарубежной печати по состоянию на 1 июля 1969г.)». Москва: 1969г.

雑誌・ウェブサイト

«Атомная Энергия»（『原子エネルギー』誌）

「サハロフ、核実験に反対する闘争」ウェブサイト http://www.n-i-r.ru/adsakharov_borba_protiv_ispytanii_3jdernogo.html〔二〇一二年一〇月一一日閲覧〕

ロシア科学アカデミー文書館文書

Архив Российской Академии наук（Архив РАН. ロシア科学アカデミー文書館）：ロシアの文書館に所蔵されている文書記録類は、一般にフォンド（コレクション：Ф.）、オーピシ（目録：Оп.）、ヂェーロ（ファイル：II.）の三階層で分類されている。

図版出典一覧

はじめに

図0-1　提供：TASS／アフロ

第一章

章扉「ロスアトム」ウェブサイト http://www.biblioatom.ru/evolution/dostizheniya/pervaya-vodorodnaya-bomba（二〇二三年九月一日閲覧）

図1-1　ウィキコモンズ https://commons.wikimedia.org/wiki/File:1934-V_I_Vernadsky.jpg（二〇二三年一〇月五日閲覧）

図1-2　Holloway, David, *Stalin and the Bomb: The Soviet Union and Atomic Energy 1939–1956.* New Haven & London: Yale University Press, 1994: illustration No. 15.

図1-3「チェリャビンスク空港」ウェブサイト（〝チェリャビンスクゆかりの偉人〟イーゴリ・クルチャートフ欄）https://cekport.ru/airport/kurchatov（二〇二三年九月一日閲覧）

図1-4（上）「Scientific Russia」ウェブサイト https://scientificrussia.ru/articles/fziceskij-pervyj-75-let-pervomu-v-evrazii-adernomu-reaktoru-f-1-v-mire-nauki-no-12（二〇二三年九月一日閲覧）

（下）*И. Ф. Жежерун*, «Строительство и пуск первого в Советском Союзе атомного реактора». М.: Атомиздат, 1978. С. 54.

図1－5　「ロスアトム」ウェブサイト http://www.biblioatom.ru/evolution/istoriya-osnovnyh-sistem/istoriya-reactorov/a（二〇二二年九月一日閲覧）

図1－7　*Минаев, А. В.*, ответ. ред. «Советская Военная мощь от Сталина до Горбачева». Москва: 'Военный парад.' 1999. С143.

図1－8　Всероссийский научно-исследовательский институт экспериментальной физики. «Советский атомный проект: Конец атомной монополии. Как это было...». Саров: 1995. из фотографий.

図1－10　«"Наука и общество": История советского атомного проекта（40-50 годы）/ Трудв международного симпозиума "ИСАП-96"» М.: ИздАТ, 1997. С. 164.

図1－11　*Минаев, А. В.* ответ. ред., «Советская Военная мощь от Сталина до Горбачева». Москва: 'Военный парад.' 1999. С143.

第二章

章扉　「"Борлаг"：強制収容所史」ウェブサイト https://russian7.ru/post/borlag-chto-proiskhodilo-v-samom-sekret/（二〇二二年一〇月一二日閲覧）

図2－1　「〝チェリャビンスク－40／65〟の歴史」ウェブサイト https://pulse.mail.ru/article/istoriya-zakrytogo-goroda-chelyabinsk-40-65-2989640820865754251-608253829032071019/（二〇二二年九月一日閲覧）

図2－3　「〝ロシア・セブン〟（ロシア史関連）」ウェブサイト https://russian7.ru/post/chto-stalo-s-lyudmi-kotorye-okazalis-v/（二〇二二年九月一日閲覧）

第三章

章扉　ウィキコモンズ https://commons.wikimedia.org/wiki/File:RIAN_archive_25981_Academician_Sakharov.jpg（二〇二二年九月一日閲覧）

図3-1 「ウェブ・ジャーナリズム〝ロシアの世界〟」ウェブサイト https://rusmir.media/2010/09/01/vrach（二〇二二年九月一日閲覧）

図3-2 Министерство Российской Федераций по атомной энергии и др. «Создание первой советской ядерной бомбы». Москва, Энергоатомиздат, 1995. p. 156.

第四章

章扉　提供：TASS／アフロ

図4-1 「ウェブ・ニュース "Reddit"」ウェブサイト https://www.reddit.com/r/europe/comments/o81nqi/on_this_day_in_1954_the_first_gridconnected（二〇二二年九月一日閲覧）

図4-2 「ロシアのソーシャル・ネットワーキング・サービス "vk-com"」ウェブサイト https://vk.com/wall-32738224_415214（二〇二二年九月一日閲覧）

図4-3 Государственный научный центр Российской Федерации—Физико-энергетический институт имени А. И. Лейпунского, «Первая в мире атомная электростанция. К 60-летию со дня пуска: Документы, статьи, воспоминания, фотографии». Обнинск, 2014. pp. 190-191.

第五章

章扉　提供：Ullstein bild／アフロ

図5－1　*Емельянов, В. С.* "Атомная наука и техника и строительство коммунизма." «Атомная энергия». Том 11, вып. 4. 1961. С. 303.
図5－2　*Блохинцев, Д. И., Н. А Доллежаль* и *А. К. Красин*, "Реактор атомной электростанции АН СССР." «Атомная энергия». 1956 №1. С. 16.
図5－3　「"russos: live journal"」ウェブサイト https://russos.livejournal.com/842811.html（二〇二二年九月一日閲覧）
図5－4　*Ермаков, Г. В.* "Атомные электростанции Советского союза." «Теплоэнергетика». №11, 1977. С. 48.
図5－5　*Денисов, В. П.* и *др.* "Развитие АЭС с водо-водяными реакторами в Советском союзе." «Атомная энергия». Том 31, Вып. 4. 1971. С. 323.
図5－6　「アレクサンドル・レイプンスキー名称物理エネルギー研究所」ウェブサイト https://www.ippe.ru/realized-projects/fast-neutrons-reactors/271-bor-60（二〇二二年九月一日閲覧）
図5－7　*Петросьянц, А. М.* "Атомная наука и техника к 50-й годовщине Великой Октябрьской социалистической революции." «Атомная энергия». Том 23, Вып. 5, 1967. С. 393.

第六章

章扉　「学習サイト"DONETSKLIB"」ウェブサイト http://donetsklib.ru/event/item/1126-sinhrofazotron.html（二〇二二年九月一日閲覧）
図6－1　李覚元ほか編『当代中国的核工業』中国社会科学出版社、一九八七年、写真のページ55番
図6－2　「科学文献検索ツール"Semantic Scholar"」ウェブサイト https://www.semanticscholar.org/paper/THIRTIETH-ANNIVERSARY-OF-REACTOR-ACCIDENT-IN-A-1-Kuruc/23815f94893a5f62f2d625

6a046cf9b98235052a（二〇二二年九月一日閲覧）

第七章

章扉「ニュースサイト"Новые известия"」ウェブサイト https://newizv.ru/news/society/23-04-2021/s-lopatoy-protiv-radiatsii-26-aprelya-1986-goda-vzorvalas-chernobylskaya-aes（二〇二二年九月一日閲覧）

ちくま新書
1694

ソ連《れん》核《かく》開発《かいはつ》全史《ぜんし》

二〇二二年一一月一〇日 第一刷発行

著者 市川浩（いちかわ・ひろし）

発行者 喜入冬子

発行所 株式会社 筑摩書房
東京都台東区蔵前二-五-三 郵便番号一一一-八七五五
電話番号〇三-五六八七-二六〇一（代表）

装幀者 間村俊一

印刷・製本 株式会社 精興社

ISBN978-4-480-07519-2 C0231

ちくま新書

1572 現代ロシアの軍事戦略 小泉悠
冷戦後、弱小国となったロシアはなぜ世界的な大国であり続けられるのか。メディアでも活躍する異能の研究者が戦争の最前線を読み解き、未来の世界情勢を占う。

935 ソ連史 松戸清裕
二〇世紀に巨大な存在感を持ったソ連。「冷戦の敗者」「全体主義国家」の印象で語られがちなこの国の内実を丁寧にたどり、歴史の中での冷静な位置づけを試みる。

1345 ロシアと中国　反米の戦略 廣瀬陽子
孤立を避け資源を売りたいロシア。軍事技術が欲しい中国。米国一強の国際秩序への対抗……。だが、中露蜜月の舞台裏では熾烈な主導権争いが繰り広げられている。

1550 ヨーロッパ冷戦史 山本健
ヨーロッパはなぜ東西陣営に分断され、緊張緩和の後は一挙に統合へと向かったのか。経済、軍事的側面にも注目しつつ、最新研究に基づき国際政治力学を分析する。

971 夢の原子力――Atoms for Dream 吉見俊哉
戦後日本は、どのように原子力を受け入れたのか。核戦争の「恐怖」から成長の「希望」へと転換する軌跡を、緻密な歴史分析から、ダイナミックに抉り出す。

541 内部被曝の脅威――原爆から劣化ウラン弾まで 肥田舜太郎 鎌仲ひとみ
劣化ウラン弾の使用により、内部被曝の脅威が世界中に広がっている。広島での被曝体験を持つ医師と気鋭の社会派ジャーナリストが、その脅威の実相に斬り込む。

1601 北方領土交渉史 鈴木美勝
「固有の領土」はまた遠ざかってしまった。歴代総理や官僚たちが挑み続け、ゆっくりであっても前進していた交渉が、安倍外交の大誤算で後退してしまった内幕。

ちくま新書

1559
ポスト社会主義の政治
――ポーランド、リトアニア、アルメニア、ウクライナ、モルドヴァの準大統領制
松里公孝
地政学的対立とポピュリズムに翻弄された激動の30年を、大統領・議会・首相の関係から読み解く。時に暴力を伴う政治体制の変更は、なぜ繰り返されるのか。

1033
平和構築入門
――その思想と方法を問いなおす
篠田英朗
平和はいかにしてつくられるものなのか。武力介入や犯罪処罰、開発援助、人命救助など、その実際的手法と背景にある思想をわかりやすく解説する、必読の入門書。

905
日本の国境問題
――尖閣・竹島・北方領土
孫崎享
どうしたら、尖閣諸島を守れるか。竹島や北方領土は取り戻せるのか。平和国家・日本の国益に適った安全保障とは何か。国防のための国家戦略が、いまこそ必要だ。

1587
ミャンマー政変
――クーデターの深層を探る
北川成史
二〇二一年二月、ミャンマー国軍がアウンサンスーチー国家顧問らを拘束した。現地取材をもとに、この政変の背景にある国軍、民主派、少数民族の因縁を解明かす。

1236
日本の戦略外交
鈴木美勝
外交取材のエキスパートが読む世界史ゲームのいま。「歴史」の和解と打算、機略縦横の駆け引き、舞台裏で支えるキーマンの素顔……。戦略的リアリズムとは何か！

1327
欧州ポピュリズム
――ＥＵ分断は避けられるか
庄司克宏
反移民、反グローバル化、反エリート、反リベラルが世界を席巻！　ＥＵがポピュリズム危機に揺れる理由は、その統治機構と政策にあった。欧州政治の今がわかる！

1477
ＥＵ離脱
――イギリスとヨーロッパの地殻変動
鶴岡路人
ついに離脱を現実のものとしたイギリスが失うものとはなにか？　一枚岩になれないＥＵはどうなるのか？　なお問題山積のヨーロッパの現在を最も正確に論じる。

ちくま新書

1400
ヨーロッパ現代史
松尾秀哉
第二次大戦後の和解の時代が終焉し、大国の時代が復活し、危機にあるヨーロッパ。その現代史の全貌を、国際関係のみならず各国の内政との関わりからも描き出す。

1377
ヨーロッパ近代史
君塚直隆
なぜヨーロッパは世界を席巻することができたのか。「宗教と科学の相剋」という視点から、ルネサンスに始まり第一次世界大戦に終わる激動の五〇〇年を一望する。

1147
ヨーロッパ覇権史
玉木俊明
オランダ、ポルトガル、イギリスなど近代ヨーロッパ諸国の台頭は、世界を一変させた。本書は、軍事革命、大西洋貿易、アジア進出など、その拡大の歴史を追う。

1019
近代中国史
岡本隆司
中国とは何か？　その原理を解く鍵は、近代史に隠されている。グローバル経済の奔流が渦巻きはじめた時代から、激動の歴史を構造的にとらえなおす。

1082
第一次世界大戦
木村靖二
第一次世界大戦こそは、国際体制の変化、女性の社会進出、福祉国家化などをもたらした現代史の画期である。戦史的経過と社会的変遷の両面からたどる入門書。

1335
ヨーロッパ　繁栄の19世紀史
——消費社会・植民地・グローバリゼーション
玉木俊明
第一次世界大戦前のヨーロッパは、イギリスを中心に空前の繁栄を誇っていた。奴隷制、産業革命、蒸気船や電信の発達……その栄華の裏にあるメカニズムに迫る。

1347
太平洋戦争　日本語諜報戦
——言語官の活躍と試練
武田珂代子
太平洋戦争で活躍した連合国軍の言語官。収容所から集められた日系二世の葛藤、養成の違いに見る米英豪加の各国軍事情……。語学兵の実像と諜報戦の舞台裏。